营养师的运动饮食笔记

高敏敏 著

中国轻工业出版社

推荐序 1

身为一名运动员，我深知运动与饮食密不可分，不过这却是许多刚刚开始用跑步的方式来健身的人容易忽略的一件事情。

常常听到有人想要又瘦又健康，却放弃了吃美食，但在我看来想要持之以恒地运动下去，绝对不能牺牲口腹之欲，选择对的食物才是最重要的，毕竟很难有人能够抵挡得了美食的诱惑，运动与享用美食从来不是二选一的选择题，而是可同时兼顾。

身为营养师的高敏敏，将自己丰富的饮食营养知识，汇集在这本书中，以运动者的角度来谈饮食，我相信是很有说服力的。书中用便于理解的方式详细解释了热量和营养素，针对跑步的不同阶段，详尽地举例与说明该怎么吃，读者可从中挑选适合自己的跑步补给品和跑步饮食，相信对于跑步运动爱好者来说，是非常有益的一本书。

极地冒险家

林义杰

推荐序 2

近年来随着人们健康意识的提升，人们越来越注重生活品质，健康便成了人们最关心的问题，为了健康，怎么“吃”就成了我们该学习的重要课题。

这本书用浅显易懂的方式让我们认识食物的营养，还有简单的计算公式可以知道自己该摄取的热量以及各种营养素，真的非常实用。

针对运动者的营养建议也都有详细讲解，还很贴心地把有氧运动以及无氧运动在运动前、中、后的营养补充都做了说明，让运动效果加倍，也更健康！

现代人生活忙碌，经常在外就餐的人居多，针对这一群体，这本书可以说是一本宝典。掌握就餐时应遵循的原则，就不用担心因自己经常在外面就餐而吃出问题。

心血管疾病、痛风等，一些常见的疾病都是因为现在的生活方式与饮食习惯所造成的，所以为了能让自己保持健康的状态，学习相关知识势在必行，这样一本实用的工具书肯定要纳入家庭书单里面，让自己以及亲爱的家人都拥有健康的饮食观念，全家人都吃得开心、活得健康！

健身教练
许家豪

推荐序 3

随着各种与代谢异常相关的慢性病患病率的大幅增加，近年来人们认为“运动”不仅可以减重，还可以使人变得更健康，还能增强体能。“规律的体适能活动”与“营养均衡性饮食”一样，都是能够使人体保持健康状态且预防疾病的要素。

规律的体适能活动有着许多好处，包括:（1）有助于控制体重;（2）减脂增肌;（3）强化心肺功能（增加体能）;（4）获得良好的活动能力与较佳的生活品质;（5）减少跌倒的风险;（6）减少三高疾病的发病率、增强免疫功能;（7）舒缓压力，避免抑郁情绪的产生;（8）有较佳的睡眠习惯与品质。

要视个人的需求来制订良好的健康运动计划，别人的计划并不一定适合自己。运动员的计划是要参加运动竞赛，使自己在比赛时的表现更出色，一般人则是想要减轻体重，或是增加体能，或是改善平衡，如老年人则是想要避免肌肉萎缩症等。针对增加肌肉量，提升心肺功能、肌力、肌耐力等不同的目标需要制定不同类型的运动计划。

但是运动计划要能真正达到所企盼的健康目标，需要同时搭配良好的饮食方案才能看到成效。饮食和运动对健康状况的影响是非常大的，只注重运动训练，而忽略营养机能性饮食的搭配，不但无法收到令人满意的训练效果，反而可能不自觉地正潜在损伤自身的健康。

本人从事营养学教学二十余年，深知饮食及生活方式的调整对于预防各种慢性病的重要性。如今通过网络虽然可以查到很多有关营养的知识，但却也常是琐碎、片面的，如何能建立正确的饮食观念和进行合理的食物搭配，让身体不会因运动受损伤，真正发挥促进健康与预防疾病的作用，是目前越来越多从事运动健身的人的当务之急。

由营养师高敏敏所撰写的这本书，就是能在运动营养基石上提出真正实用的运动饮食方案，本书有着完整的架构，从基础热量与营养素功能认知谈起，再针对不同运动类型（包括有氧运动、阻力运动等）的运动前准备、运动中补充、运动后复原三阶段全面地提出适合可行的饮食原则，也包含了对经常在外就餐者、素食者及高压人群的饮食建议，内容十分完整。搭配精美食谱参考，读者也能知道在生活中该如何吃，兼具专业与实用性。

营养师培训机构辅导教师
黄尚铭

推荐序 4

我是一个专业的有氧舞蹈老师，我和我的团队教练经常被学生这样问到：为什么他坚持运动了一段时间，除了刚开始瘦了一些之后，之后就进入了减重的瓶颈期？于是我会问他，平常三餐都吃些什么？吃了多少？在什么时间吃呢？大部分的学生不会特别注意到饮食，有些人几乎一日三餐都不在家吃，偶尔还会吃些消夜等，并没有特别选择可以和运动搭配的食物。

其实很多人都想要依赖运动来减肥，但是他们几乎都忽略了饮食的重要性，且不知道该怎么“吃”。了解每种食物的营养素和热量，可以帮助自己在吃之前估算自己摄入了多少热量。当然，绝对不会有教练推荐学生依靠节食来减肥，只有适度地搭配饮食和运动，才能达到不复胖的效果。

这次敏敏出的新书《营养师的运动饮食笔记》，就是我一直想要推荐给学生的，这本书也在传达这样的理念：运动之余所摄取的营养很重要。敏敏在这本书中，不但要带给大家营养师的饮食课，还特别设计了十五天的三餐方案，连我看到都要流口水了！爱运动的你，记得一定要搭配这本运动饮食笔记喔！

健身教练

潘若迪

自序

一本书是一个作者在所研究领域积累的精华，这句话真心不假。我在北京、上海、台湾担任营养师期间，下班后的每个周末，我都会对着屏幕记录自己每周的饮食，我也乐于和大家分享我的饮食笔记。

近年来路跑、健身已经形成一种浪潮，运动已经变成一个很时尚的习惯，身为营养师便经常被问到与运动营养相关的种种问题：运动后可以马上吃东西吗？要怎么吃才不会胖？吃什么能让运动表现更好？吃蛋白质会增加肌肉量吗？

这本书将复杂的营养学理论用大家容易理解的方式呈现，从营养素是什么到你每天该摄入多少热量，选择什么食物能获得营养，跑步、重训的前、中、后该吃些什么，素食运动者又该如何吃，对经常在外就餐的运动者，本书也帮你们写好饮食对策啦！

通过这本书，喜爱运动的朋友都能从中找到最适合自己的饮食方式，而运动营养的博大精深也非一本书能全然道尽，每位运动者的体能状况跟身体需求也都会有所不同，欢迎大家来找营养师讨论。

当然，营养师绝不会让大家什么都不吃，而是教大家怎么在对的时间吃对的食物！希望大家都可以“好好运动，好好吃饭”，在挥汗的时候得到最佳的个性化饮食指导，并拥有人人称羡的健康好身材。

营养师

高敏敏

目录

/5/ 特殊饮食者的饮食笔记

/6/ 敏敏一周三餐的“自煮”生活

/7/ 菜单提案

1 运动前的营养学

我们靠运动来保持身材，除了为消耗热量之外，也希望能降低体脂、增加肌肉，打造吃不胖的“易瘦体质”及满意的“身体曲线”。

但渴望通过运动来保持身材的你，是不是总是过不了“吃”这关？往往除了克制不了口腹之欲乱吃，更多的是不知道该如何“好好地吃”。如果不能好好地选择食物，不仅不能减脂增肌，更有可能大大降低身体代谢能力。

到底运动前应该吃什么才能增加运动表现、延缓疲劳？运动后又该吃什么才能快速补充体力、修复肌肉？接下来敏敏营养师会带大家推开好好运动、好好吃饭的知识大门，准备好了吗？一起出发吧！

运动入门：认识热量

平时，可以选择的运动种类有很多，常见的包括有氧运动，比如跑步、游泳、骑自行车、爬山等；还有无氧运动，比如肌力重量训练；另外还有两者结合的运动，比如瑜伽。有氧运动可以促进脂肪燃烧、降低体脂肪含量、加强心肺耐力；肌力重量训练能让肌肉紧实、雕塑身体线条；而瑜伽则能舒展、放松筋骨。每种运动都各有其爱好者。

除了固定的训练外，运动前、中、后都要吃对食物，才能养成适合运动的好体质。相信很多不经常运动的人，刚开始锻炼时备感辛苦，容易上气不接下气、体力不支、运动后全身酸痛，然后就选择放弃。这些都是因为身体还没有准备好进入运动状态。若想要练成能够适应一定运动强度的好体质，除了固定的训练之外，平时持续摄取好的食物更重要。在制订饮食计划表前，我们应该先了解自己的身体，也了解热量来源，再决定个人需要食用的食物，才能成为饮食均衡、体态健康的运动者，跟着以下的顺序来了解自己吧！

到底什么是热量?

人体所有的活动都需要能量，包括我们的身体活动、生长发育、心脏跳动、大脑的思维活动都是需要能量的。所以需要摄取六大类食物（谷物类、肉蛋类、蔬菜类、水果类、乳品类、油脂与坚果类），补充三大营养素（糖类、脂质、蛋白质），经过体内各种生理、化学反应，最后产生热量供我们的生命活动使用。

大卡？千卡？卡?

在营养学上，一般常用的热量单位是大卡或千卡（kcal）。

糖类、蛋白质、脂肪是可以提供热量的营养素；1 克糖类与蛋白质能提供 4 千卡的热量，1 克脂肪能提供 9 千卡热量；酒精也能提供热量，每克酒精提供 7 千卡热量；而其他营养素，维生素、矿物质和水则不会提供热量。后面的章节我会根据运动种类的不同，推荐所需的各类营养素，还有我们该如何从食物中摄取适当的热量和营养。

运动入门的数学课——计算 BMI

你知道自己每天需要多少热量吗？其实每个人每天需要摄入的热量依照活动量、体重、性别都有不同，根据下面介绍的简单的两步，来算算自己一天所需要摄取的热量大约是多少吧！

Step 1 算出自己的身体质量指数 BMI

* BMI 不适用于未满 18 岁的青少年、孕妇及哺乳期女性、老年人、专业运动员

BMI = 体重（千克）/〔身高（米）〕^{2}

算出来的 BMI 对照下面的表格即可。

身体质量指数	我是哪一级？
BMI < 18.5	如果不是运动员，那就体重有点过轻啰！
18.5 ≤ BMI < 24	很好，在正常范围里，继续保持。
24 ≤ BMI < 27	体重有一点超重，努力一下回到正常值吧！
27 ≤ BMI < 30	轻度肥胖，要注意控制体重。
30 ≤ BMI < 35	中度肥胖，为了身体健康要多加注意。
BMI > 35	已属过度肥胖，需要靠运动、饮食控制一下喔！

举例：廖姐 / 身高 160 厘米，体重 65 千克，

$BMI = 65/1.6^2 = 25.4$

体重属于“略超重”。

Step 2 计算每日所需热量

以下提供轻体力工作、中体力工作、重体力工作分别对应的工作种类供大家参考，可以看看自己属于哪类。

每天活动量	活动种类
轻体力工作者	体力消耗过少，长时间久坐。 例如：坐办公室的上班族、文字工作者等。
中体力工作者	从事机械操作、接待或家政等需长时间站立的工作。 例如：服务员、技术员、保姆、护士、营业员等。
重体力工作者	从事农耕、渔业、建筑等重体力工作。 例如：搬运工人、农民、每周锻炼 5 ~ 7 次者等。

再用 BMI 及身高、体重，对照自己平时的活动量，算出自己每日大约所需的热量。

每天活动种类	体重过轻者所需热量	体重正常者所需热量	体重过重、肥胖者所需热量
轻体力工作	35 千卡 × 体重	30 千卡 × 体重	（20 ~ 25）千卡 × 体重
中体力工作	40 千卡 × 体重	35 千卡 × 体重	30 千卡 × 体重
重体力工作	45 千卡 × 体重	40 千卡 × 体重	35 千卡 × 体重

举例：廖姐（身高 160 厘米、体重 65 千克）属体重略超重者，所从事的工作也属轻体力工作，每天所需摄取热量计算方式如下：（20 ~ 25）（千卡）× 65 千克 ≈（1300 ~ 1625）千卡。

敏敏的小提醒

肥胖者每天可减少摄取 300 ~ 500 千卡热量或增加体能消耗，若每天多消耗 200 千卡，每周就可以减重约 0.5 千克。

如果想靠运动多消耗热量或控制体重时，成人的每日热量摄取仍不可低于 1200 千卡。

对运动者有益的五大营养素

营养素在身体里扮演了非常重要的角色，是供给能量的原料也是提供养分的物质，接下来要介绍糖类、蛋白质、脂肪、维生素、矿物质五大营养素，以及水和电解质的基本知识，再带大家深入了解各种营养素对运动者的重要作用及各种营养素的食物来源。

糖类（1 克可提供 4 千卡热量）

糖类，又被称为碳水化合物，是由碳、氢、氧组合成的化合物，从大分子的糖到小分子的糖可分为：多糖、双糖、单糖。人体内能运用的糖类最小单位是单糖中的葡萄糖，也就是说，不论大大小小的各种糖类都会经过消化及吸收并分解成最小单位的葡萄糖分子，流到血液里供每一个细胞使用。而体内的葡萄糖又会在肝脏及肌肉中以肝糖原的形式储存起来，等需要用到的时候再分解出来供身体使用，肝糖原对跑步者非常重要，后文中我会做更详细的说明。

多糖类
淀粉、肝糖、纤维质

双糖类
蔗糖、麦芽糖、乳糖

单糖类
葡萄糖、果糖、半乳糖

敏敏的小提醒

膳食纤维也是糖?

膳食纤维虽然也是多糖类的一种，不过因为不会被身体消化吸收，所以产生的热量非常低，几乎可以说没有热量，而且正因为不被消化吸收，能促进肠胃蠕动、维持肠道健康、降低体内胆固醇，我们才会常常听到多吃菜对身体好、吃菜不会胖等，这些都是膳食纤维给人体带来的好处。

蛋白质（1 克可提供 4 千卡热量）

蛋白质是构成人体一切细胞、组织的基本成分，如果把身体想象成一间工厂，那蛋白质就是组成每一个产品最重要的原料。当含蛋白质的食物进到人体肠胃被消化后，会被分解成最小分子的氨基酸，人体内的氨基酸又分成约 22 种，其中有 8 种是人体无法合成、必须从食物中获取的，又称为必需氨基酸。

蛋白质可分为动物性蛋白质与植物性蛋白质，这两种蛋白质所含的必需氨基酸种类与比例都各有不同，动物性蛋白质较容易被人体吸收，但所含的脂肪与热量也比植物性蛋白质高；植物性蛋白质因为所含的必需氨基酸不够完整，不易被人体吸收，大多需要搭配其他食材，才能满足人体所需。

因此建议在摄取蛋白质时，食物种类要均衡、全面，达到互相补充。

脂肪（1 克可提供 9 千卡热量）

脂肪由碳、氢及氧所组成，三大营养素中单位重量条件下脂肪所提供的热量最高，在人体中主要以甘油三酯的形式储存在皮下脂肪中，所以每次谈到脂肪，大家总是又恨又怕，其实脂肪除了提供热量之外，还有维持体温、保护内脏、保护神经传导、增加饱足感、润肠等很多功能。

而食物中的脂肪又由不同的脂肪酸组成，根据结构不同分为饱和脂肪酸、不饱和脂肪酸（又分单元不饱和脂肪酸和多元不饱和脂肪酸）以及很多加工食品和人造奶油中所含的反式脂肪酸。

维生素

维生素是维持生命的重要营养素，与糖类、蛋白质、脂肪不同，它不用来提供热量或生成肌肉组织，但在人体生长、代谢、发育过程中却扮演着不可或缺的角色，帮助身体维持良好的生理机能。

维生素无法在人体内合成，必须从食物中取得，而且少量维生素就能发挥强大的作用，每种维生素都有其独立的功能。

维生素可以分为脂溶性维生素和水溶性维生素，脂溶性维生素包含维生素 A、维生素 D、维生素 E、维生素 K；水溶性维生素包含维生素 B 和维生素 C。

不同维生素的不同功能

脂溶性维生素

维生素 A	维生素 D	维生素 E	维生素 K
视觉功能	骨骼生长	抗氧化	凝血功能

水溶性维生素

维生素 B　维生素 C

主要和生理代谢、细胞合成、抗氧化功能相关

矿物质

矿物质和维生素一样都是人体所需要的营养素，虽然需求量不多但却是维持正常生命活动不可缺少的元素。矿物质在人体内主要的作用是调节肌肉和神经、构成人体组织及正常生理功能所需的催化剂等。而矿物质又分为宏量元素及微量元素，所谓宏量元素是指每天人体的需要量比较高（高于 100 毫克或体内含量占体重 0.01% 以上），而微量元素需求量相对较少（低于 100 毫克或体内含量占体重 0.01% 以下）。

矿物质营养素 (Minerals)

宏量元素

每日需求量高于 100 毫克，或体内含量占体重 0.01% 以上，包括：钠、钾、氯等电解质，骨骼中所含的钙、磷，细胞中的镁、硫等。

微量元素

每日需求量低于 100 毫克，或体内含量占体重 0.01% 以下，包括铁、铜、锌、钼、锰、钴、碘、硒、氟等。

2 日常生活的饮食学

随着人们健康意识的增强，利用空闲时间跑步或去健身房锻炼都已成为近几年最受欢迎的运动方式，慢跑是有利于瘦身的有氧运动，而去健身房锻炼能让身体的曲线更优美。

在运动的过程中补充适当的营养素也是非常重要的，不但能提供能量也能提升体内新陈代谢的速度，下面介绍的内容会让大家更了解五大营养素：糖类、蛋白质、脂肪、维生素、矿物质。了解这些营养素的功效及哪些食物含有这些营养素，对于大家日后的食物挑选会很有帮助。

提供能量的营养素三巨头——糖类、蛋白质、脂肪

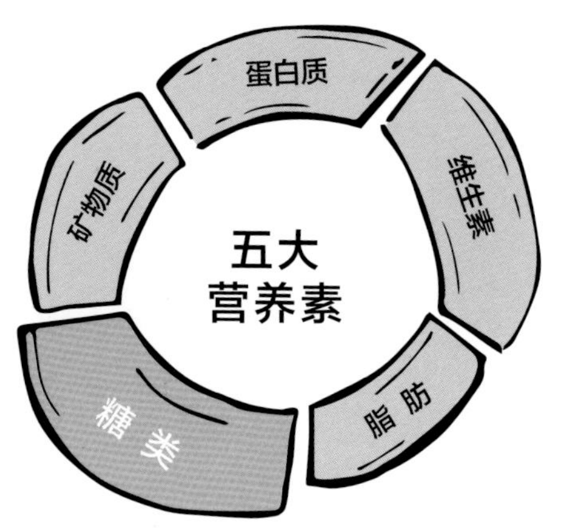

对于一个经常运动的人来说，运动的过程中，身体必须要有充足的糖类供给，主要目的是要让我们有足够的糖原（glycogen）来维持血糖浓度和体能、延缓疲劳感的产生、提升运动耐力。

而糖原又可分为存在于肌肉中的“肌糖原”与存在于肝脏中的“肝糖原”，肝糖原与肌糖原有什么不同呢？

* 肌肉中的肌糖原　存于人体肌肉中的糖原叫作肌糖原，可为肌肉提供能量，无法提高血糖浓度。一般来说每千克肌肉中大约含有 15 克肌糖原。

* 肝脏中的肝糖原　存于人体肝脏中的糖原叫作肝糖原，可以分解成葡萄糖来调节血糖浓度，供给人体能量。若肝脏中的肝糖原不足，很容易发生低血糖昏迷的危险情况，所以当肝糖原耗尽、存量不足，会在运动的过程中明显感觉疲劳，间接缩短运动时间。

而人体内储存 200 ~ 500 克的肝糖原，可供给人体 800 ~ 2000 千卡的热量，如果不吃不喝，大约 18 个小时后就会耗尽。一般来说，我们睡醒时身体内有 50% 的肝糖原已被消耗，因此，若在空腹状态下就跑马拉松或是从事其他体能锻炼，很容易体力不支，甚至出现低血糖，有可能会导致昏迷。

如果体内的糖分不够，身体还可能会开始分解肌肉中的蛋白质，所以足够的糖分也是避免肌肉蛋白质被分解的重要功臣喔!

生活里的糖类来源

糖类的类型来源	食物举例
健康的糖类来源	天然的全谷类、乳品、水果……
不健康的糖类来源	蛋糕、糕饼、冰激凌、甜食、油炸食品……
其他特殊来源	运动饮料、能量冻饮、葡萄糖注射液……

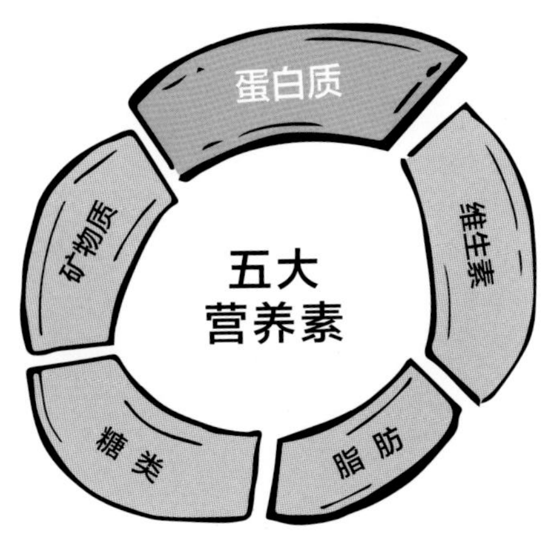

蛋白质除了能提供能量之外，还能建造新的肌肉组织及修补受损的肌肉组织来维持我们的肌肉生长和新陈代谢，对于运动者而言，可以在锻炼后立即补充蛋白质来促进肌肉合成及修复受损的肌肉组织。但是，吃太多的蛋白质并不会让你增加更多的肌肉，一定要适量。

若蛋白质摄取过量让身体无法完全代谢或充分利用，无法吸收的部分就会转成脂肪储存起来，长期脂肪囤积还容易导致脂肪肝，甚至增加肾脏负担。因此，清楚了解自己的活动量与蛋白质需求量后，再进行补充才是正确的方式。

该补充多少量呢？我们可以自己计算。建议正常成年人的每日蛋白质摄取量为“每千克体重 ×1 克蛋白质”，也就是说体重为 65 千克的人，每日蛋白质建议摄取量约为 65 克。

不过可以根据不同活动量做比例上的调整：

每天活动量	活动种类
轻体力活动者： 久坐不站、几乎不运动	每千克体重 ×（0.8 ~ 1）克蛋白质
中体力活动者： 长时间站立、基本运动量	每千克体重 ×（1 ~ 1.5）克蛋白质
重体力活动者： 从事劳力工作者、运动员	每千克体重 ×（1.5 ~ 2.2）克蛋白质 

举例：
1. 泡芙小姐：上班族，体重 60 千克，每天坐着办公、几乎不运动，所以泡芙小姐一天的蛋白质需求量为：60×(0.8 ~ 1) ≈ 48 ~ 60（克）
2. 送货大哥：体重 85 千克，每天努力送货，一天的蛋白质需求量为：85×(1 ~ 1.5) ≈ 85 ~ 127.5（克）
3. 健身教练：体重 80 千克，每周进行 2 ~ 3 次以上体能训练，一天的蛋白质需求量为：80×(1.5 ~ 2.2) ≈ 120 ~ 176（克）

生活里的蛋白质来源

我们都知道，肉、鱼、蛋类中都含有丰富的动物性蛋白质，不过它们的脂肪含量不同，脂肪含量的不同，也会影响热量的摄取。动物油脂属于健康油脂，但还是应减少摄取量，多多挑选低脂肪肉品会更好。

动物性蛋白质	👍低脂肪肉类：鸡胸肉、鸡腿、猪里脊肉、鱼肉、鸡蛋等
	中脂肪肉类：猪小排、猪后腿肉、羊肉、猪蹄、鸡翅、鸡排、鸭掌等
	高脂肪肉类：猪肘、牛腩、肥肠、五花肉等
	👎加工肉类：香肠、热狗、腊肉、肉松、肉干、熏鸡
植物性蛋白质	👍豆类：豆类（黄豆、毛豆、黑豆）、豆浆 👎加工豆品：千叶豆腐

👍好的蛋白质来源　👎不健康的蛋白质来源

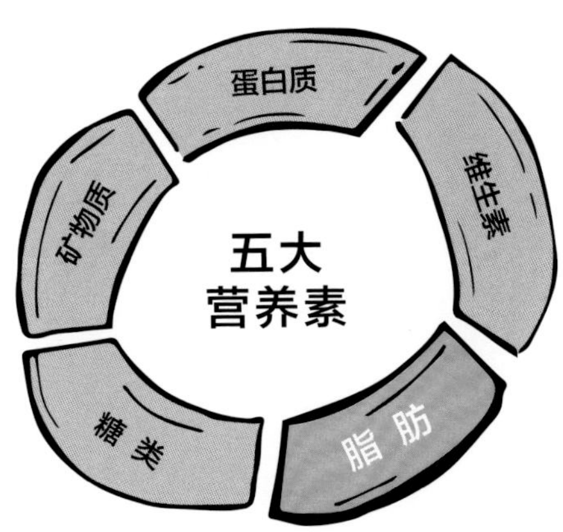

因为脂肪在胃停留的时间会比较长，所以它除了能提供能量之外，还能够让人不易感到饥饿、延长饱足感，对于长跑的人来说，脂肪就显得特别重要，能够使体力储存足够的糖原，进而延迟疲劳、增加跑步持久度。所以经常运动者要选择优质的脂肪来源，并避免不好的油脂摄取，下面就来看看脂肪的来源有哪些吧！

常见的脂肪来源

· 多元不饱和脂肪酸能保养心血管健康，也有缓解运动后肌肉酸痛的功效。因此补充含多元不饱和脂肪酸的食物也有助于缓解运动后的酸疼感。

吃什么好：深海鱼（含 ω-3 脂肪酸）、鲔鱼、鲭鱼、鲑鱼、秋刀鱼都是很好的选择，建议可以 2 ~ 3 天吃一次，满足身体所需的 ω-3 脂肪酸。这些鱼除了含有健康的油脂之外也是很好的蛋白质来源。

· 单元不饱和脂肪酸能降低坏的胆固醇（LDL-C），减少动脉硬化的发生率。

吃什么好：平日用油可挑选橄榄油、芥花油、菜籽油、苦茶油等植物油，或是每天吃一点坚果（如核桃、杏仁、芝麻），补充单元不饱和脂肪酸。坚果除了富含单元不饱和脂肪酸，还含有矿物质镁，有助于肌肉放松。坚果含有多种维生素，例如杏仁富含维生素 E，能抗氧化，也能减缓血管伤害。后面我们会接着介绍维生素和矿物质对运动者的重要性，并介绍人体不可缺少的维生素与矿物质。

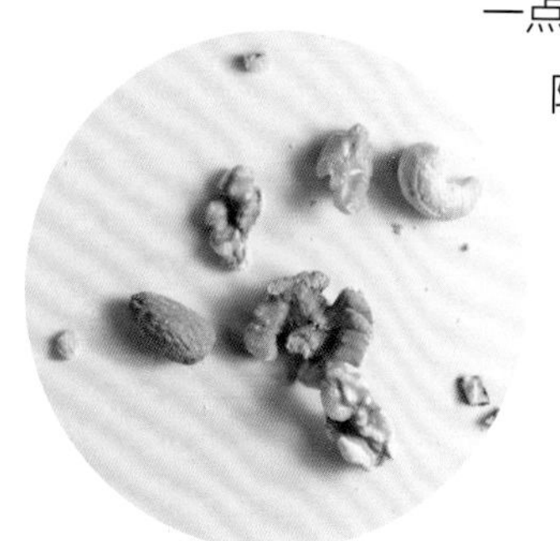

看不到的油脂大公开

✕ 面包糕点：菠萝面包、奶酥面包、司康饼、千层派

✕ 油炸食物：薯片

✕ 加工制品：肉松、加工肉丸、各种火锅饺、香肠、热狗、油豆腐

✕ 皮类：鸡皮、猪皮、鱼皮

✕ 含脂肪的食物：培根、梅花肉、五花肉、肥肠

敏敏营养师 !! 我有问题

Q. 平时炒菜应该选择什么油?

食用油应选择含单元不饱和脂肪酸较多的，因此平时炒菜的用油，应以橄榄油、苦茶油、芥花油、菜籽油、花生油等植物油为主，其中发烟点较低且未精制的橄榄油，则较适合凉拌或待食物烫熟后再淋上。

葵花子油、葡萄籽油，属于多元饱和脂肪酸，稳定性差，不耐高温，高温加热后会产生自由基，建议采用低温快炒或凉拌的方式。

敏敏的小提醒

牛油果也可为身体提供丰富的油脂。

不健康的脂肪来源

世界卫生组织已经限制每日饱和脂肪酸的摄取量要少于总热量的 10%，而反式脂肪酸又比饱和脂肪酸更不健康，它会破坏血管与神经系统，而且热量相当高。反式脂肪酸已被证实会增加体内低密度脂蛋白胆固醇含量，增加患心血管疾病的风险，对人体健康有害，应尽量不食用。

- 饱和脂肪酸：奶油、畜肉及一般高脂肪的肉类都含有较多的饱和脂肪酸，其中畜肉又比禽肉多，如霜降牛肉、梅花肉、猪蹄等肉品，富含饱和脂肪酸，容易增加体内胆固醇合成量，增加罹患心血管疾病的风险。
- 反式脂肪酸：许多包装食品当中都可以发现反式脂肪酸，尤其面包、薯片、甜甜圈、饼干、蛋糕，这些看起来美味不油腻的食物，都暗藏反式脂肪酸。人造奶油也含有反式脂肪酸。

Q. 看明星都吃水煮菜，我要减肥可以不吃油吗？

很多减肥的人都会将油脂视为发胖元凶，甚至“闻油色变”，为了减肥将所有食物都去油，甚至完全不碰油脂，每天只吃水煮菜或烹调时滴油不加。可能短期内身体不会出现异样，但长期“低油脂”的饮食方式会让皮肤干燥、粗糙，经常便秘，女性月经失调，还会影响脂溶性营养素维生素 A、维生素 D、维生素 E、维生素 K 吸收，严重者甚至可能造成胆结石。

油脂是维持身体运作不可或缺的营养素之一，除了提供热量外，更是构成细胞膜的重要材料，合成雌性及雄性激素和体内重要激素的原料（如肾上腺素、前列腺素、白三烯素等类似激素物质）。食物中含有油脂还可以增加饱足感、润滑肠道、预防便秘，更可以促进脂溶性营养素吸收。

因此，建议大家减肥时，一定要“适量吃油”，肉类可以选择鸡肉、墨鱼、虾等低脂肉类，也可以适量食用富含 ω-3 脂肪酸的鲭鱼、秋刀鱼、鲑鱼，但不建议吃鱼头与鱼肚。

无法提供能量的微量营养素——维生素、矿物质

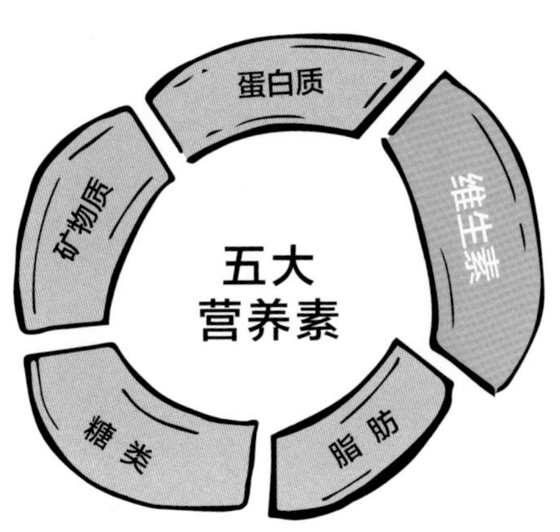

维生素虽然不会提供能量，但是却参与非常多能产生能量的生理活动，尤其是B族维生素，它们总是参与许多生理活动，若是缺乏其中一种都可能会影响正常生理功能。

举例来说，例如维生素 B_6 就可以促进肌肉中肌糖原的释放，运动时能得到充分的能量，若是饮食中摄取不足，会影响身体供能。

此外，有些维生素也同时具有抗氧化的功能，能减少自由基对人体的伤害（例如水溶性的维生素 C 和脂溶性的维生素 A、维生素 E），在运动的过程中，难免会造成肌肉拉伤、扭伤甚至关节损伤等运动伤害，这时候受伤的组织中会生成自由基，虽然人体内有自我保护的机制可以慢慢修护，但若是身体内有足够的抗氧化营养素，便可以减少自由基的恶性循环累积、也会缩短运动伤害的恢复期。

运动者不可缺乏的维生素：

维生素 B_1、维生素 B_2、维生素 B_3

这几种维生素能将我们摄取的营养素转换成运动时所需的能量，包括碳水化合物、蛋白质和脂肪的代谢，是维持能量正常代谢、协助制造红细胞、激素及维持神经细胞运作等重要的营养素。

生活习惯不规律、有抽烟及喝酒习惯，或经常食用加工食品或速食的人，都会特别容易缺乏这几种维生素，务必在饮食上多多注意。

食物来源

维生素 B_1 多存在于全谷类食物如糙米、燕麦、玉米等及猪瘦肉中。

维生素 B_2 在牛奶、蛋奶制品、蛤蜊和深绿色蔬菜、杏仁等食物中都有丰富的含量。

维生素 B_6

是蛋白质和氨基酸代谢时不可或缺的辅酶营养素，能将氨基酸代谢成能量、帮助修复肌肉，还能促进肌肉中糖原释放，有效地转换能量供运动时所需，是运动者不可或缺的营养素。

食物来源

鸡肉、紫甘蓝、菠菜、香蕉、蛋类、豆类、小麦胚芽、燕麦、薯类及坚果类等。

敏敏的小提醒

含有B族维生素的食物非常多，各种深色蔬菜、水果、奶类、豆类、鱼类、肉类、蛋、谷物类、坚果类等食物中都含有不同的B族维生素，只要每天均衡摄取这些食物，就可轻松获取B族维生素。

维生素C

维生素C是抗氧化的营养素，锻炼时因身体耗氧量增加，会加快自由基的产生，而维生素C不但能对抗自由基还能提高身体摄氧量，且维生素C缺乏时容易出现疲劳和肌肉无力的现象，日常饮食要多注意补充。

食物来源

柑橘类水果，如柳橙、橘子、葡萄柚、柠檬等或番茄、番石榴、草莓、绿色蔬菜类。

维生素E

维生素E在身体中最重要的功能是抗氧化、减少因跑步时氧的消耗所产生的自由基，若跑步时不慎拉伤、扭伤，及时补充维生素E能缩短运动伤害的恢复期，而缺乏则可能造成红细胞及神经易受损。

食物来源

油脂及坚果种子类食物，如杏仁、花生、核桃等。

维生素 A

保持眼球湿润、预防夜盲症、维护皮肤健康，对于跑者来说，尤其是喜爱夜跑的人，维生素 A 是保证夜间有好视力的重要营养素。

食物来源

可多食用橘黄色、绿色的蔬果，如胡萝卜、彩椒、木瓜、西蓝花、菠菜，淀粉类食物如红薯、南瓜或蛋黄、牛奶、起司。

维生素 D

维生素 D 能促进钙质的吸收、调节血液中钙和磷的比例来确保骨骼及牙齿健康，还能调节神经系统和骨骼肌肉的发育、肌肉的收缩，与运动速度要求高的项目有很大关系。

维生素 D 最主要的获取方式，是每天固定且适量地晒太阳，晒 15 ~ 20 分钟，能够帮助身体合成并活化维生素 D。

食物来源

日晒过后的菇类、木耳或牛奶、蛋黄、添加维生素 D 的奶类饮品或谷类食品。

矿物质和维生素都是具有维持人体生理功能、保证骨骼与肌肉健康、促进生长发育、防御疾病等功能的重要微量营养素，虽然身体的需要量并不大，但是缺乏会阻碍正常的新陈代谢。尤其在运动过后，往往需要修复身体细胞与肌肉，这时更需要维生素、矿物质来做修复，尤其是女性运动员，则更需要注重补充钙等矿物质，如果血红素不足，不但会有贫血、眩晕的危险也会影响运动状态。

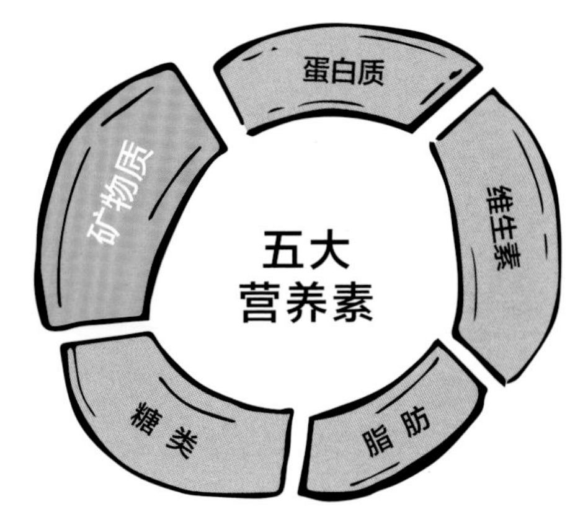

跑步者不可缺乏的矿物质：

钙

人体有 99% 的钙都储存在骨骼及牙齿中，能保持骨骼、牙齿健康，除此之外还能协助神经系统传导功能、维持神经肌肉兴奋性及肌肉、心脏的收缩。

食物来源

牛奶、酸奶、黑芝麻、小鱼干、豆干、豆腐、菠菜等。

镁

参与碳水化合物及脂肪的代谢，提供运动时所需的能量，和钙一样能维持骨骼结构、肌肉收缩、心跳调节及神经系统传导功能等，缺乏可能会导致出现肌肉无力、抽筋以及心律不齐的问题。

食物来源

香蕉、坚果类、绿叶蔬菜含镁量丰富。

钠＆钾

保证体液中电解质平衡、酸碱及水分平衡，能避免长时间户外跑后的电解质流失或发生低血钠症、电解质不平衡造成的抽筋现象，严重缺乏可能导致心律不齐，因此路跑中要特别注意补充。

食物来源

蔬果、全麦谷类、豆类、坚果类或功能性饮料。

铁

铁是组成人体血红素与肌红素的重要元素之一，能帮助血液中的氧气在体内运送，若跑步者长期铁质摄取不足或缺乏，容易造成疲倦、虚弱、眩晕、脸色苍白、免疫力与肌耐力降低、缺铁性贫血等状况，对身体及运动表现均有不良的影响。

食物来源

牛肉、猪肉、羊肉、动物内脏、蛋黄等动物性食材铁质来源丰富，深色蔬菜，如紫菜、红苋菜、木耳菜、菠菜等，含植物性铁质丰富，可于饭后摄取一份维生素 C 含量丰富的水果，促进铁质的吸收。

水与电解质扮演的角色

在运动过程中，适量的补充水分及电解质非常重要，脱水会影响运动的表现，水分的流失会造成体温升高也比较容易感到疲劳，甚至也可能有昏迷、抽筋的危险。流汗越多流失的电解质也就越多，但水分和电解质根据不同的状况也会有不同的补充需求，包括运动时间的长短、个人身体条件、性别、体型以及运动的环境都会影响需求程度。

3 有氧运动之跑步者的饮食笔记

许多跑步者在饮食上可能都有疑惑：到底跑步前可以吃些什么？如何吃东西才能让运动效果更好？要吃什么才不会跑到一半因为没体力而跑不动？跑步时的补给品那么多，到底什么适合我？跑完马上吃东西会变胖吗？运动后能补充高蛋白吗？可以晨跑完再吃早餐吗？

这一章的内容，除了解答刚刚开始跑步者在饮食上可能会有的问题，同时也对有经验的跑步者提供最合适、多元的食谱搭配，纠正运动时只能食用清淡食物的观念，只要恰当地搭配食材，爱跑步的你不需要让自己饿肚子更能享受美食！

长跑爱好者平时饮食就该注重均衡，才能打造健康体质，尤其长跑爱好者虽然没有高蛋白质饮食的需求，但科学合理的饮食能保障长跑爱好者有一个良好的身体状态。饮食要能保证“能量的持续供给”，即血糖稳定、肝糖原储备量充足以及尽早使用脂肪能量三大目的。单就此运动状态而言，最关键的因素还是要均衡饮食，并搭配正确的训练方式，才是提升长跑能力的关键。

接下来要就长跑前、中、后的饮食该如何正确补充，来跟大家分享，并解答大家的常见疑问。

马拉松比赛前一天

保持正常饮食习惯，避免刺激食物。

比赛前一天的饮食只要保持平时的饮食习惯跟分量即可。但碳水化合物的来源主要是清淡、好消化的食物再搭配适量蔬菜、水果和蛋白质，避免太油腻、易胀气和刺激性的食物，更要避开食用致敏食物。

挑选碳水化合物口诀：少、繁、多、简

少、繁

减少食用较难消化、高纤的碳水化合物

如糙米、玉米、全麦面包、红薯、竹笋、芹菜、空心菜、韭菜、番薯叶、西蓝花、油炸物等。

多食用好消化的碳水化合物

如面条、米饭、馒头、吐司、意大利面、苹果、香蕉、梨、哈密瓜等。

- **避免食用油腻食物：**炸鸡、炸薯条等油炸食品
- **避免食用辛辣食物：**麻辣锅
- **避免食用易胀气、会导致肠道不适的食物：**豆类、豆制品、牛奶乳制品（乳糖不耐受者）
- **避免食用易过敏食物：**带壳海鲜、虾、蟹类
- **避免饮用利尿饮品：**酒精、咖啡、茶

不要听说哪种食物或补给品好，就选在跑前一天尝试，要是身体不习惯而造成身体不适，那就得不偿失啊！

建议各位参赛者在平常锻炼时，就找出最适合自己的饮食方式，这样就算是到外地比赛，也可以最快找到最适合自己的食物。

敏敏营养师!! 我有问题

Q. 平时有晨跑的习惯，可以跑完再吃早餐吗?

有些人习惯晨跑或在清晨练跑，刚起床时感到不饿或者觉得跑完就可以吃早餐了，而选择空腹去跑，这样其实对身体非常不利，要特别注意。经过一整夜的睡眠，身体都没有能量的补充，此时肝糖原的储备量处于很低的状态，如果空腹就去运动，会提早进入疲惫状态，很容易感到疲劳，甚至会发生低血糖而晕倒，尤其糖尿病患者，更加危险。

因此建议晨跑前可以先补充一些含碳水化合物的食物，如一根香蕉、一个馒头、一两片吐司、一包即溶牛奶麦片等都是不错的选择，既能帮助补充肝糖原，也能有充足的体力晨跑。

不过要切记，避免直接喝含糖的饮料，如汽水，反而可能因为血糖快速升高达不到预期的运动效果。

比赛当天饮食选择

应以易消化的碳水化合物为主，再搭配适量的蛋白质、少量脂肪，记得加上 300 ～ 500 毫升白开水作为水分补充。

参加马拉松赛当天的早上，到底需要补充多少热量，其实是取决于运动的强度与时间，但不论跑多长的距离，“足够的肝糖原储备量”以及“保持血糖稳定”，对参赛者来说至关重要。当天一定要吃早餐，建议早点起床做准备（当然前一天也要早点休息，养足精神），在比赛前 2 ～ 3 小时吃完早餐，让身体有充足的时间消化。比赛前的进食时间因人而异，有些人需要的消化时间较久，如果跑前两小时吃东西，在跑步时可能还是会感觉肠胃有负担，那可能就要提前至跑前 3 小时进食。

总之，跑前一定要吃东西，为接下来比赛储备能量源。比赛当天的早餐应选择好消化的碳水化合物搭配适量蛋白质、低脂肪食物，不用吃得太多，否则未消化的食物堆积在肠胃，容易引起侧腹痛，有些人可能不得不暂停比赛，也记得在开跑前 0.5 ～ 1 小时补充 350 ～ 500 毫升的水分。

- ○ 碳水化合物类食物，在体内容易转化为肝糖原储存，因此运动前的早餐一定要补充碳水化合物，才能提供运动时所需要的能量。
- ○ 水分能够帮助调节体温、调整电解质平衡，让身体的肌肉持续正常运作。
- × 高脂肪食物在身体里需要消化吸收的时间较长，不建议运动前食用。
- × 太甜的食物，如很甜的含糖饮料或甜点、零食，会刺激降低血糖的胰岛素分泌量增多，加上运动本身也会消耗血糖，双重作用下，可能会在运动时发生低血糖的状况。
- × 会让肠胃敏感或高纤的食物，例如红薯、牛奶。富含纤维的食物会在体内停留较长的时间，或有些人对于牛奶耐受不佳，担心在正式开跑后会肠胃不适或肠胃蠕动变快产生便意，边跑边找厕所，影响比赛成绩。

马拉松比赛当天的五大推荐早餐

01 贝果面包

贝果面包是淀粉类主食，没有经过复杂的加工，容易消化，可以再抹点低脂乳酪或果酱。

02 馒头夹蛋、蛋吐司

馒头、吐司是碳水化合物的来源，而蛋多半是煎蛋，也提供了蛋白质及油脂。

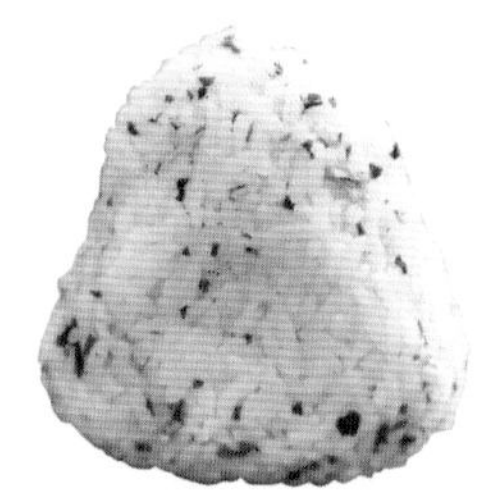

03 三角饭团

饭团中的米饭是碳水化合物的来源，而各种肉类则提供了蛋白质来源，例如鲔鱼、烤肉、鲑鱼等。

04 香蕉 + 茶叶蛋

香蕉水分少、热量高，吃起来方便，香蕉里的钾离子对预防抽筋也有帮助，很适合在跑步前食用，而茶叶蛋容易购买，能作为蛋白质来源。

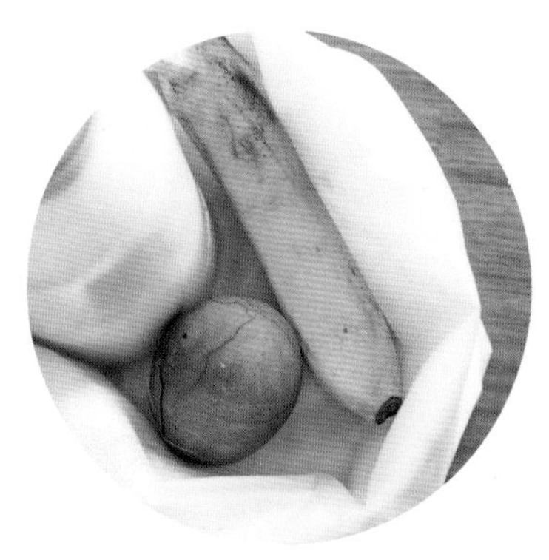

05 酸奶燕麦片

和香蕉一样，燕麦片里的碳水化合物易吸收，而搭配燕麦片的酸奶容易购买，也有市售含有益生菌的酸奶粉，可以在家制作，也是不错的选择。酸奶燕麦片需要混合或冲泡，较适合在家食用。

敏敏的小提醒

虽然这些都是比赛当天推荐的早餐，不过请选择平时习惯吃的或吃过的食物，不要随意尝鲜，才能避免突发的肠胃状况。

敏敏营养师!! 我有问题

Q. 如果比赛时间太早，没时间提前两三个小时起床吃早餐，我还可以吃什么?

有些马拉松比赛开始得非常早，可能很多参赛者没办法提前两三个小时起床并吃上一份早餐，建议可以在跑前一小时，吃热量大约为 200 千卡的碳水化合物类食物，例如：一个杂粮馒头、两片吐司、一杯燕麦奶等都是不错的选择，当然了解自己的身体状况选择适合自己的食物，是更重要的。也要切记，不要在比赛即将开始前吃含糖量高的食物，例如汽水、甜食，以避免短时间的血糖波动导致意外。

Q. 运动前喝咖啡好吗?

这是一个常被问到的问题，因为很多马拉松比赛要求选手集合的时间都很早，很多人都希望喝咖啡来提神。

也有研究显示咖啡能促进身体消耗能量、加速脂肪燃烧，可能也有助于提升运动表现，但如

果平时没有喝咖啡的习惯、或心脏有问题的参赛选手，请勿轻易尝试！

如果平常就有喝咖啡的习惯，比赛当天尽量不要喝，因为可能会导致肠胃不舒服或是腹泻、恶心等不适，加上咖啡有利尿作用，有可能会让你在比赛时到处找厕所，影响比赛成绩。

Q. 参加马拉松比赛当天吃营养保健品，成绩会不会更好?

如果平常就有吃特定保健品的习惯，平时训练期吃也没有任何问题，当然可以继续食用，但如果是平常没有吃过的新产品，就不建议你在比赛当天"尝鲜"，以免增加额外的不确定因素导致身体在比赛时出状况。

好的比赛成绩，是长期的正确训练搭配饮食调整，而营养补充品也只是辅助，切莫依赖，更不要相信效果被夸大的产品。

参加马拉松比赛过程中的饮食原则

适时补给水分、电解质。

因跑步是户外有氧运动，运动过程中会流失水分、电解质，身体比平常更需要水分的补充，以下提供比赛过程中的补给方针并分析跑步过程中常用的五大补给品，让大家更了解。

若跑步时间在一小时以内，可每隔 15 分钟补充 200 ~ 300 毫升的水分。

不要口渴时才想到要喝水，可能此时身体已经出现轻微脱水的情况。

若运动时间超过一小时，可以开始补充运动饮料、柠檬片沾盐或梅子粉，或是吃颗盐糖。

因大量的电解质会随汗液一起流失，建议除了补充水分外，还要补充电解质，如果没有适当补充，可能会导致电解质不平衡，容易出现抽筋等问题。

如果遇到运动时间延长时，就要特别注意自己的身体状况，很有可能一开始补充的能量已经被耗尽，不妨先休息一下，适时、适量，然后缓慢地补充易消化的糖类食物，比如香蕉、圣女果、苏打饼干等，不仅有助于增加运动时的耐力，也能延缓疲累感，并防止低血糖和饥饿感。补充一点点能量、休息一下之后，再继续接下来的运动，才不会对身体造成损伤。

敏敏营养师!! 我有问题

Q. 哪一种补给品比较好?

每场马拉松比赛中，都会提供一些补给品给参赛者，补给品可为跑者补充水分和电解质，来避免脱水或电解质不平衡造成抽筋等问题。

但每场比赛所提供的运动饮料浓度各不相同，若单一成分浓度较高，部分参赛者饮用后容易有肚子不舒服的情况，建议可以将运动饮料稀释后饮用，并小口小口补充。

参赛者比赛途中五大常见补给品选择

水　若一小时内可以跑完全程，建议过程中每15 ~ 20分钟可以补充250毫升水分，尤其是当天天气比较炎热、身体在运动过程中代谢加速都会比平常更需要水分的补充，最好每经过补水站都要喝几口水。

运动饮料　建议跑步超过一小时后，可以开始每隔15分钟补充约250毫升的运动饮料。运动饮料除了提供水分之外，还能为参赛者补充电解质，以避免电解质不平衡造成抽筋等问题。

盐、梅粉 通常专业的参赛选手会自行准备无机盐补给品，但现场通常只提供盐和梅粉，主要是为跑者补充电解质，如果跑步超过一小时后，没有摄取运动饮料，喝水搭配盐或梅粉也可以补充到电解质。

能量饮、能量果胶 属于半固体型态的补给品，除了提供碳水化合物之外，也会补充矿物质和维生素。

能量棒 能量棒种类非常多，是可提供能量的固体食物，不论路跑前、中、后都可以依照需求选择适合的成分来做补充。

敏敏营养师 !! 我有问题

Q. 为什么我跑步时容易侧腹痛？是吃太多了吗？

相信有很多人跑步时，常常会有侧腹痛的情况，甚至不得不停下来，通常侧腹痛的原因有很多，每个人都不同，以下以饮食和运动为出发点分析侧腹痛的原因。

在饮食上可能是因为跑步前吃的食物还没消化，堆积在肠胃，导致跑步时肚子不舒服，通常建议在跑步前 2 ~ 3 小时完成进食。

跑步的配速方面，可能一开始跑的速度过快，超过身体负荷容易引发不适，此时逐渐降低速度让身体适应后，不适症状会得到缓解。

建议大家在平时练习时找到最适合自己、最适合的食物和较能适应的跑步速度，才能避免很多状况的发生。

比赛结束后

正确补充碳水化合物 + 蛋白质，修补肌肉、恢复体力！

结束比赛后，肌肉细胞已经消耗了很多的能量，肝糖原基本耗尽，加上跑步过程中不断的收缩刺激，肌肉纤维会损伤，但此时是吸收营养素最好的时机！在此时补充对的食物可以帮助肌肉生长、恢复体力、促进新陈代谢。

运动后该怎么吃最适合呢？最好的食物搭配是碳水化合物＋蛋白质的组合，建议大家运动后吃的整份食物中，碳水化合物：蛋白质≈（3 ～ 4）:1，也就是每摄取 3~4 克的糖类（碳水化合物），就需摄取 1 克蛋白质。比如运动后可吃一根香蕉（约 2 份糖类），加一个茶叶蛋（约为 1 份蛋白质），总热量约 195 千卡，或吃一个中等大小的烤红薯加一杯无糖豆浆，糖类和蛋白质的摄入量符合（3 ～ 4）:1 的黄金比例。不但可以持续燃烧脂肪，还能增加肌肉量。

跑后最佳搭配组合：碳水化合物＋蛋白质

蛋白质　有糖 / 无糖豆浆、牛奶、酸奶、茶叶蛋 / 蛋、蒸蛋羹、奶酪

碳水化合物　香蕉、红薯、馒头、吐司、薯泥、玉米、苏打饼干

碳水化合物食物：蛋白质食物＝ 4 ： 1
香蕉 1 根＋无糖豆浆 260 毫升
八分满切块水果 2 碗＋蒸蛋 / 水煮蛋 / 茶叶蛋 1 个
面条 / 粥 1 碗＋嫩豆腐半盒 / 传统豆腐 3 方格
吐司 1 ～ 2 片＋低脂鲜奶 240 毫升
苏打饼干 2 小包＋无糖豆浆 260 毫升
乳品也含碳水化合物，可食用乳品类 1 份（若搭配含碳水化合物食物可减半），例如，苹果牛奶（苹果切块 1 碗＋低脂牛奶 1 杯）

运动后的不健康饮食

× **卤肉饭、炸鸡腿便当、鸡排** 因为油脂过多，在体内消化后已过肝糖原、肌肉修补最佳时间。

× **运动后不吃** 没有及时进食，错过修补时间用餐，容易因能量不足造成肌肉持续耗损。

× **只吃含蛋白质食物** 肝糖原补充不足。

× **吃蛋糕等甜食** 虽说是碳水化合物类食物，但精制糖含量太高，易造成血糖起伏太大，不但会脂肪囤积，对身体也无好处。

敏敏营养师 !! 我有问题

Q. 跑完马上吃东西会不会更容易囤积脂肪?

运动后肌肉的吸收能力会随时间的推迟而下降，所以越早补充越适合！建议在 30 分钟～ 1 小时内补充完毕，不但不会变胖，还能促进身体后续的新陈代谢，能帮助减脂。

但仍需特别注意食物的选择及食用量，适当补充可修补肌肉的食物，如果补充太多或吃错，多余的热量一样会造成脂肪堆积。

Q. 平时下班后要去跑步，要怎么吃才好?

很多跑步爱好者都是上班族，平时只能利用下班后的时间去跑步，常常会很纠结是要先吃晚餐还是先跑步，吃了晚餐没消化会跑不动，不吃也会没力气跑。

其实在跑步前可以吃一小份点心，尽量摄取碳水化合物含量较高的食物，可增加肝糖原的储存也能避免跑步时出现低血糖症状，比如香蕉、吐司、三角饭团或是三明治等。

而跑完后再选择含适量蛋白质和碳水化合物的食物作为晚餐，也是恰当的选择！

Q. 跑步能燃烧多少热量?

跑步消耗热量（kcal）= 体重（千克）× 跑步距离（千米）× 1.036

以上算式可以大约知道自己跑步时所消耗的热量，但实际消耗量会根据跑步速度、个人身体状况或环境有些许差异，所以想要通过慢跑来减肥的人，可以增加跑步距离或加快跑步速度来有效消耗多余热量。

举例：廖姐体重 65 千克，每天开始练跑 5 千米，那么通过跑步额外消耗掉的热量大约 = 65 × 5 × 1.036 = 336.7 千卡

Q. 跑步完可不可以大吃一顿来犒赏自己?

当然可以！但是通常跑完再三五好友一起去聚餐，间隔的时间可能会比较长，希望大家在跑完的 30 分钟内可以先吃一份小点心，补充刚刚比赛消耗的能量，再去聚餐。

每个人对大餐的定义不同，但营养师仍希望大家避开高油腻、高糖分的食物，例如油炸食物、蛋糕类。

不论去哪聚餐，吃火锅或是吃到饱，大部分的食物都可以归类到六大类中，以下推荐一些聚餐可以食用的优质主食、肉和蔬菜。

全谷杂粮类（主食）

建议可选择非精制的，比如五谷米饭、糙米饭、红薯饭等，不但升糖指数较精制淀粉低，能帮助饭后血糖平稳，且未精制的全谷杂粮类含较丰富的膳食纤维、B 族维生素、矿物质等营养素，也有助于运动后的肌肉组织修复。

豆、鱼、蛋类（蛋白质）

瘦肉、白肉都是不错的选择，比如鸡肉、鱼肉，鸡蛋营养价值也很丰富，豆制品比如豆干、豆腐也是很好的植物性蛋白质来源，既能吃到蛋白质的营养又能避免多余的脂肪摄入。

蔬菜类

建议多选深色蔬菜类，比如茼蒿、菠菜、海带、海藻类等，所含的 B 族维生素较为丰富，或是菇类、杏鲍菇、金针菇等，膳食纤维含量丰富，既有饱腹感，热量也低。

Q. 便利超商买食物好方便，营养师有没有好物推荐？

便利店内的商品种类丰富，买东西真的非常方便，相信很多跑步爱好者也一定常常光顾，这里分别就跑步前、中、后的需求，来做超商食物的搭配推荐。

路跑前 可以摄取一些碳水化合物含量丰富的食物，例如，贝果、吐司、香蕉、燕麦饮。

跑步过程中 记得补充水分和电解质。

跑步后 挑选富含碳水化合物和蛋白质的食物，例如，鸡肉三明治、鲔鱼三角饭团、茶叶蛋、香蕉搭配酸奶、牛奶或有糖豆浆等。

路跑当天前中后饮食重点

最后再来总结一下路跑的饮食重点，从比赛前一周就要注意饮食了，当天的营养补充也是很重要的，当然平时练习时更不可以忽视饮食均衡与营养。

从赛前一周就开始“聪明”吃

- **赛前一周** 营养均衡、定时定量
- **赛前三天** 增加碳水化合物、减少脂肪
- **赛前一天** 不尝鲜、不暴食
- **比赛当天** 提前吃早餐、更好消化
- **及时恢复** 越快越好、享受乐趣

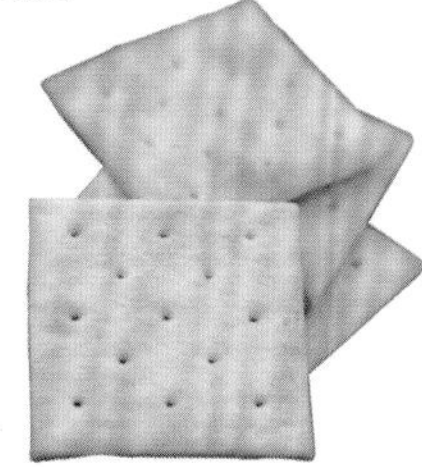

路跑当天的营养补充

路跑前 重点在于摄取含碳水化合物的食物，并搭配适量的蛋白质和低脂肪食物，这时候可以补充 300 ~ 500 毫升的白开水。

路跑中 一小时以内，10 ~ 15 分钟补充 200 ~ 300 毫升的水分，若运动超过一小时，补充水分、运动饮料，每隔半小时补充香蕉、苏打饼干等含糖量高的食物。

比赛后 含蛋白质跟碳水化合物的食物都不可少，两种食物比例为 1:（3 ~ 4）。

参赛前需要准备的物品，准备好了吗？

- 水瓶、水杯
- 牛奶、能量棒或赛后点心
- 平时习惯穿的跑鞋（检查鞋带是否牢固，如比赛主办方提供反光片记得系上）
- 运动服（用安全别针别上号码布，号码布背面可列出惯用药物或过敏症）
- 毛巾、卫生纸
- 防晒乳
- 比赛信息
- 现金

记得每一样都检查一下，不要漏了什么喔！

4 无氧运动之重量训练的饮食笔记

我们进行重训的目的都是希望“增加肌肉”，同时还要“减少体脂”让身体肌肉线条更明显、更美观，因此饮食仍然扮演着非常重要的角色，在重训前应该怎么吃来获取足够的体力才能完成接下来的训练？重训后的肌肉修复及增加又该如何吃？接下来就由敏敏来慢慢告诉大家。

我们常说，想要有好身材七分靠吃，三分靠练。由此可知吃什么对于训练有多重要，吃对食物能让我们在高强度的重量训练中保持足够的能量，提升训练效果，而肌肉的增加是靠阻力重量训练不断地将肌肉组织破坏、修复、重建，在这样的重复过程中不断地壮大，想减少体脂肪的同时绝不是单靠运动，靠的是“热量控制”，也就是“饮食热量要适当、运动消耗的热量也要足够”，所以，如何在重训的前、中、后“好好吃饭”是我们接下来要讨论的重点。

重训前的饮食原则

应选择能缓慢吸收的含碳水化合物和适量优质蛋白质的食物组合。

曾经有一名患者因健身到一半突然昏倒在地，头部在倒地时撞到器材因而送医，虽然没有大碍，但后来得知是该患者是刚下班就立刻到健身房锻炼，在锻炼前并没有吃东西，打算运动结束再吃晚餐，没想到因为血糖快速降低而晕倒。

从上述案例我们不难看出不要轻易空腹运动，在运动前一小时内，应适量地补充餐食，让身体有足够的能量应付接下来的锻炼，不过，也必须给身体留时间消化。重量训练主要由肌肉中储存的肝糖原作为能量来源，因此锻炼前应选择好消化并能缓慢吸收的含碳水化合物及适量优质蛋白质的食物组合。

所谓好消化并能缓慢吸收的碳水化合物来源包括红薯、马铃薯、南瓜、香蕉、水果奶昔、全麦吐司等，而应避免食用太甜的食物，如含糖的饮料、甜点、蛋糕、面包、零食等。

为什么运动前要补充能缓慢吸收及好消化的碳水化合物呢?

1. 将葡萄糖储存为肌肉中的糖原，在进行阻力重量训练时释放出能量给人体使用。
2. 保持血糖与胰岛素的稳定，在整个训练过程中保持血糖稳定。

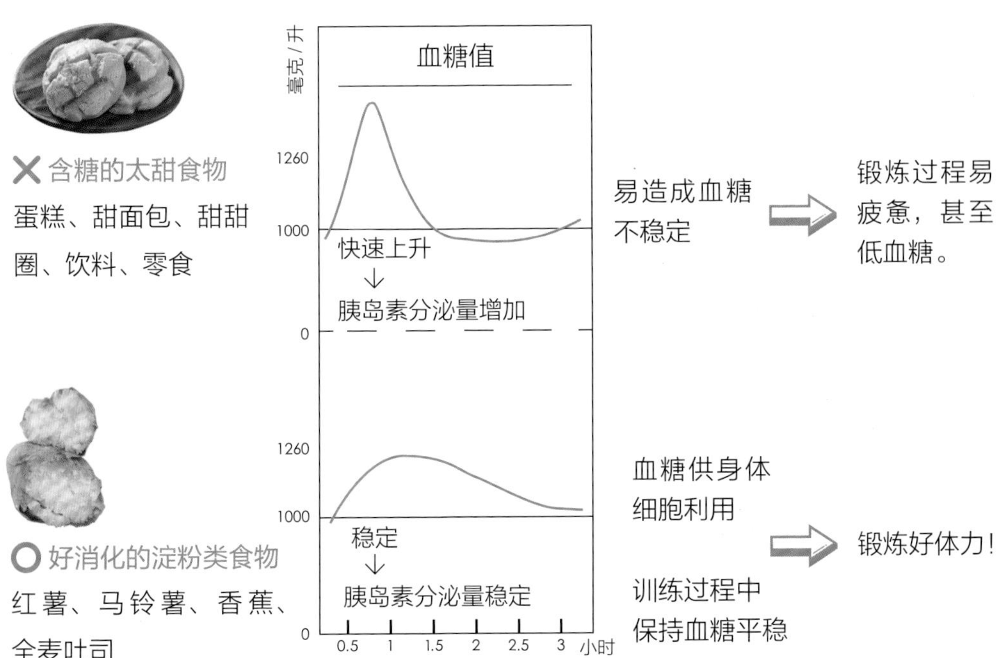

重训运动者锻炼前应补充合适的蛋白

锻炼前补充蛋白质，主要是为了防止因为氨基酸不足而造成肌肉分解流失，所以在高强度的训练前，可以补充氨基酸如 BCAAs 这类的支链氨基酸，能迅速被当作能量来源。因此，很多训练前的蛋白补给品，都会加入支链氨基酸的成分，它也能在运动的过程中缓慢且稳定地被身体所吸收，避免肌肉被分解。

重训前五大不恰当行为

✕ **运动前吃太多** 会影响训练时肌肉代谢，因为身体为了消化太多的食物而让血液集中在胃部。因此在训练前应该有足够的时间来消化食物或补给品来避免胃部不适，所以越临近训练时所摄取的食物分量应越少越好。

✕ **吃太甜的食物** 快速吸收的碳水化合物例如很甜的含糖饮料或甜点、零食都不适合在运动前吃。太甜的食物不但不能让能量稳定、持续地释放还会刺激血糖快速上升，更会使胰岛素分泌量增多，造成身体状态不稳定，加上运动本身也会消耗血糖，双重作用下，可能会在训练时发生非常危险的低血糖情形。

✕ **吃高脂肪食物** 身体需要进行消化吸收的时间较长，不建议训练前食用。

✕ **高纤或会让肠胃敏感的食物** 例如红薯、牛奶。富含纤维的食物会在体内停留较长的时间，或有些人对牛奶不耐受，担心在训练开始后会因肠胃不适或肠胃蠕动加速产生便意，影响锻炼。

✕ **空腹锻炼** 空腹锻炼会使体内肝糖原存量下降、肌肉能量不足，容易在锻炼时体力不充沛，感到乏力、疲惫，无法专心锻炼。

重训中的饮食原则

补充电解质与水分。

由于水分和细胞所需的营养物质，是电解质在细胞内输送的，适当的水分会让身体新陈代谢变好，所以请准备好随时补充水分，并可适时地补充电解质饮料，建议运动中每 10 ~ 20 分钟就补充 200 ~ 300 毫升的水，并小口小口地饮用。

若锻炼时间超过一小时，建议可以开始补充稀释运动饮料，因大量的电解质会随汗一起流失，建议除了补充水分外也要补充电解质，如果没有适当补充，可能会导致电解质不平衡，容易有抽筋等问题发生。

如果运动时间延长，建议接下来要补充适量好消化的糖类食物，例如熟香蕉、苏打饼干等。可以增强耐力、延缓疲累并防止低血糖及饥饿感，每次不要吃太多、小口小口慢慢吃，以免引起运动时肠胃不适及恶心感。

水量的补充可根据每一个人的身体状况及训练强度来调整，每次运动时，找到适合自己的补给方式最重要。

敏敏营养师 !! 我有问题

Q. 运动时突然饿了怎么办?

这时请补充 GI 值（血糖生成指数）较高的食物，例如：全熟香蕉、马铃薯等。

即使在运动前已经吃过东西但因为运动强度过大，所以运动到一半就会感到饿。这时 GI 值较高的食物能让体内血糖值上升，让体力恢复继续完成训练。

重训后的饮食原则

正确补碳水化合物 + 蛋白质 + 适量油脂，修补肌肉、恢复体力！

锻炼结束后，肌肉细胞会消耗很多的能量、耗尽肝糖原，加上锻炼过程中不断地刺激肌肉，肌肉纤维会损伤，但此时也正是吸收营养素最好的时机！因此在训练后 30 ~ 60 分钟内赶紧补充对的食物可以帮助肌肉修复及生长，恢复体力，促进新陈代谢。

理想情况下，需要在运动后 30 分钟内做能量补给。若无法立即吃完整的一餐，至少应在运动后 20 分钟内吃些点心，像有糖豆浆、红薯牛奶、水果奶昔、乳清加燕麦片，然后在 3~4 小时内吃上完整的一餐。

以下提供碳水化合物和蛋白质的组合方案供大家参考。

重训后五大建议食物搭配

1. 豆浆 + 红薯
2. 鸡肉饭
3. 乳清蛋白 + 燕麦片
4. 烤鲑鱼 + 马铃薯
5. 香蕉奶昔

敏敏营养师 !! 我有问题

Q. 运动后食欲不振，可以不吃东西吗?

其实运动后和运动前一样都需要摄取营养，若在运动后不吃东西，可能会导致更加疲劳并发生低血糖，同时也会抑制身体肌肉的修复过程，运动时大量的肝糖原被转化成能量，同时肌肉中的蛋白质也被大量分解，所以如果在运动之后不吃东西，反而更难达到健身的目标与目的。

Q. 运动后可以喝无糖豆浆吗?

建议选择有糖的豆浆。不管是有氧或是无氧，运动后都不能只喝无糖豆浆，高强度的运动会消耗身体能量，包含血糖和氨基酸，因此大强度运动后除了要补充蛋白质之外，糖分的补充也是很必要的。很多人担心变胖，运动结束后只喝无糖豆浆，不利于身体的代谢和肌肉修复。

不想喝得太甜，也可选择低糖豆浆。

Q. 锻炼后一定要补充高蛋白吗?

运动之后单纯补充蛋白质是不够的，运动过程中身体主要消耗的能量来源是肝糖原，肌肉在生长及修复的过程中，还要依靠充足的碳水化合物才能顺利运作，如果碳水化合物补充不够，多余的蛋白质也没办法帮助肌肉修复，所以应补充蛋白质和碳水化合物。

而一般的无氧运动，训练完的蛋白质摄取量也不用超过 20 克，除非训练强度很大，而有研究也发现摄入超过 20 克的蛋白质对于肌肉组织的生成并不会有比较大的帮助，多吃反而增加肾脏负担。

Q. 我想做无氧运动的同时搭配有氧运动，但我平时工作很忙，一天只吃两餐可以吗?

平日饮食，营养必须要充足、热量一定要适当，每天摄取的热量必须在基础代谢率之上，并控制在不要超过能够消耗的总热量。

例如：豪哥的基础代谢率为 2000 千卡，一天包含日常活动的总消耗热量是 2500 千卡，那么饮食中摄入热量就要控制在 2000 ～ 2500 千卡。更要考虑到营养：饮食所能提供的，要包含好的碳水化合物、足够的蛋白质和好的油脂。

三餐定时定量，或是少量多餐平均分配，这是饮食上一定要遵循的基本原则。

无氧运动前中后 饮食重点总结

无氧运动前： 应选择能缓慢吸收的碳水化合物和优质适量的蛋白质组合，稳定血糖释放。

无氧运动中： 补充水分与电解质，避免脱水与抽筋。

无氧运动后： 正确补充碳水化合物 + 蛋白质 + 适量油脂，修复肌肉、恢复体力！

Fragata
Extra Virgin

5 特殊饮食者的饮食笔记

关于运动饮食学，你是不是已经有了初步的了解呢？找到适合自己的运动与饮食方式，是很重要的。在这里敏敏还要针对特殊饮食者做一点介绍。如果你是外食族，如果你是素食或蔬食主义者，又该怎么吃呢？对于有压力肥困扰的人，又该如何改变饮食习惯呢？还有，也要利用全民餐盘和运动者餐盘的概念，让饮食更营养、更均衡喔！

运动者的外食

相信大部分的运动者，对自己的健康会比较注重，饮食上也会特别重视，但生活、工作都很忙碌，要每一餐都自己做也有点累，遇到三五好友相约也在所难免。其实在外就餐要吃得相对建康，是有诀窍的。这里，敏敏举一些常见的食物种类，提供大家参考。

早餐店怎么选？

均衡的早餐要含好的碳水化合物及蛋白质，还要有含膳食纤维的蔬菜或食物，因为这些食物会慢慢释放糖分，有助于控制血糖，且含丰富营养素，完整搭配就是一顿优质、有营养的早餐。

便利店

三角饭团 / 鸡肉蔬菜三明治 / 红薯 + 茶叶蛋 + 酸奶 / 豆浆 / 薏米浆 / 鲜乳

西式早餐店

蔬菜蛋烤吐司 / 全麦起司蛋饼（不淋酱）/ 烤肉片吐司 + 无糖或减糖豆浆 / 牛奶 / 鲜奶茶

中式早餐店

杂粮馒头夹蛋 / 紫米饭团（不加油条）/ 蔬菜卷 + 无糖或减糖豆浆 / 薏米浆

清粥小菜店

一碗粥（五谷杂粮粥、燕麦粥、红薯粥更好）+ 一个荷包蛋 + 一盘蔬菜

更健康建议

早餐和午餐之间可以再吃一份水果，苹果、圣女果、猕猴桃、菠萝、番石榴都是很好的选择，例如一个拳头大小的苹果、半根香蕉或约八分满的一碗水果。

中式餐厅怎么吃？

相信中式餐厅是很多人聚会常去的场所，炒菜的特色就是一定要用大火快炒、用油多、口味重，尤其很多菜都是先炸再炒或是添加非常多的调味料，例如糖醋排骨、金沙豆腐、宫保鸡丁……所以提供一些烹饪时的建议给大家。

- 烹调方式尽量以“蒸、煮、卤、烤”为主，像清蒸鱼、烤鱼、清蒸臭豆腐、酒蒸蛤蜊、蒜泥白肉、汆烫鱿鱼卷等，既好吃，也能避免摄入非常多不必要的油脂。
- 选择只炒一次的菜，例如炒蔬菜、蛤蜊丝瓜、空心菜炒牛肉、苦瓜咸蛋等，都是炒一次就能上桌的菜。
- 避免先炸过再炒的高油脂料理，例如糖醋排骨、金沙豆腐、宫保鸡丁、炒牡蛎等，都先将食材炸后再快炒，不但重口味、钠含量高，油脂含量也非常高。
- 菜、肉比例要均衡，有肉、菜，可再加点一锅清汤类的汤品，例如姜丝蛤蜊汤、清鱼汤等。
- 可以准备一碗热水，把太油的食物用热水涮 1 ~ 2 次后再吃，可以减少非常多不必要的油脂和盐分的摄入，千万别小看这个用热水涮菜的步骤，为了自己的健康，这个简单的动作大家不妨试一试。

便当店、面店、饺子馆怎么吃?

便当、面或饺子应该是大部分上班族最常吃的午餐，这类食物普遍存在的问题就是菜太少、精制淀粉太多、容易摄入过多的油脂，所以营养师会给大家一些选择上的建议。

多食用蔬菜

到面店、饺子馆可以多点一两份烫青菜或蔬菜汤并避免食用勾芡的酸辣汤、玉米浓汤，而在便当店或自助餐厅，可以把餐盒内都尽量装满各种颜色的蔬菜，增加蔬菜摄取量。

避免选择油炸肉类

要避免挑选油煎、油炸及肥肉，可以选择卤鸡腿、蒸鱼、蒜泥白肉等用蒸、煮、卤、烤为主的烹调方式做的食物。选择水饺时也要注意，很多水饺为了让口感更多汁，会使用猪肉馅、肥肉，一个水饺的热量就大约有 50 千卡，像咖喱水饺、泡菜水饺甚至煎饺，除了水饺本身的热量之外调味料也会增加热量，要特别注意。

选择汤面要好于干面

到面店时尽量可以选择汤面类并且不要把汤喝完，因为干面的酱汁油脂含量高、热量也较高，可以选择清汤面再多点一份烫青菜、皮蛋豆腐或烫肉片。

火锅店

大家都知道麻辣火锅会使食材吸附锅中的油脂，而让涮过的食材都油滋滋的，容易增加肠胃负担，而普遍认为较健康的清汤火锅，高汤底加上肉片、食材，整锅涮下来，有可能吃下许多的盐分和嘌呤，或是食物挑选不正确而吃下加工品或过量食物，因此营养师给大家几个健康吃火锅的技巧。

- **汤底越清越好** 可选择蔬菜熬成的高汤汤底（例如昆布、番茄汤），或是热量较低的日式涮涮锅、清鸡汤、大骨汤等，喜欢喝汤的朋友，最好在刚开始吃的时候就少量饮用，不要喝煮完肉类、蔬菜后的汤底，因为这其中可能含大量的嘌呤和钠，多喝会增加身体负担。
- **低脂肉品为佳** 除了避免过量食用肉类之外，肉类也以低脂肉品为佳。例如鸡肉、鱼肉、海鲜类，都会优于油脂丰富的红肉，若喜欢吃牛肉的朋友也可以选择油花较少的部位，如西冷牛排（牛外脊）、菲力牛排等，因各家肉品五花八门，可以请店员介绍选择油花较少的肉品。
- **调味料聪明选** 建议用葱、姜、蒜、辣椒、萝卜泥为基底，避免选用沙茶酱、芝麻酱、豆瓣酱等高热量、高盐分的酱料类。
- **进食顺序要注意** 建议先吃蔬菜、菇类，再吃低脂肉类和饭或面，这个顺序可以更快增加吃火锅时的饱足感，避免食用过多，并且能稳定餐后血糖，避免脂肪过度囤积，千万别小看这个进食顺序。
- **避免加工品火锅料** 火锅饺类、加工肉丸等都属于加工制品，或是千叶豆腐、油条、炸豆皮都属于高热量、高油脂、高钠的食材，建议以新鲜食材来替代这些加工制品！

意式餐厅

意式餐厅中最常见的就是各种意大利面和焗饭，建议大家可以选择意大利面，烹调方式以清炒为主，并避免食用搭配青酱、白酱等含很多奶油的酱汁、有极高热量的焗烤类食物。配料可以选择时蔬、海鲜或鸡肉等脂肪含量较低的食材，跑步之后吃一盘清炒海鲜意大利面，健康又无负担。意大利面所含的淀粉大多属于抗酶解淀粉，比起精制淀粉而言，饭后血糖能较稳定。

西式排餐厅

一般的西式排餐，都是套餐，可能包含沙拉、前菜、主餐、汤品、甜点或饮料，虽然可选择的种类不多，不过还是有一些小技巧，可以避免选择油脂含量高的食物。

沙拉 避免选择热量较高的蛋黄酱类，如千岛酱或凯撒酱，可选择橙汁、无糖酸奶或油醋类的蔬菜沙拉，当然不蘸酱最好。

前菜、汤品 选择烹调方式清淡的，如蒸的、烤的，避免炸的，而汤品宜选择清汤类的，并避免选浓汤、含酥皮类食材或是勾芡类。

主餐 肉类可以选择白肉，如鱼肉类或鸡肉类，含饱和脂肪较红肉低，爱吃牛肉的可以选择脂肪含量较低的部位，像牛里脊肉，可以选择蘸海盐，避免勾芡类的酱汁，健康又美味。

甜点或饮料 避免食用高热量的甜品，如奶油、慕斯、蛋糕、奶精类饮品，可以选择无糖茶饮、茶冻或低脂起司为餐后解腻。

饮料店

大部分的人都会觉得，手摇饮料店出售的饮品不太健康，但炎热的夏天来一杯清凉的饮料真的很痛快，有时同事、同学一起订饮料或是一起逛街，偶尔喝一杯真的难免，不过其实营养师也是有对策的！

- 不加糖、不加奶精，一般的现泡茶、无糖茶都是手摇饮比较不错的选择！
- 如果想喝奶茶类的可在其中加入鲜奶。
- 如果想加配料，像粉圆、芋圆、西米露、红豆、芋头等淀粉类配料，下一餐的淀粉类食物就要少吃，来平衡一天的淀粉摄取量。
- 有些饮料店会在饮品中加奇亚籽，奇亚籽含丰富的膳食纤维，吸水后会膨胀，增加饮料口感的同时也能增强饱腹感，是很不错的选择。

如果觉得白开水没什么味道又想减少喝饮料的频率，大家可以自制香甜的水果水增加水分补充。将柑橘类的水果，例如：橙子、橘子、葡萄柚、柠檬、青柠檬等，洗干净切片后，适量添加在白开水或气泡水中饮用。

敏敏营养师!! 我有问题

Q. 国外流行自己做水果水，又称维生素水或排毒水，听说可以减肥，是真的吗?

其实排毒水或水果水就是利用水果和草本植物的香气来提升水的口感，且水果中的水溶性营养素，如维生素 C、维生素 B、花青素等会微量释放到水中，不但能增加水中的微量营养素的含量、切片的水果浸泡在水中不接触过多空气也能减缓氧化速度，也能给平淡无奇的白开水增添香甜。

但是如果说水果水可以达到减重或排毒效果，其实太夸大啦！还不如直接吃水果来摄取更完整的营养素。

教大家自制加味水果水！

水果水食材搭配 = 新鲜水果 + 草本植物 + 水

水果水的制作过程很简单，只需要将食材放入水瓶中再加入饮用水，就可以随身携带、随时补充水分，切记食材的选择要同时有新鲜的水果及草本植物，用水果的清甜味搭配草本的香气，会增加水的爽口性，饮用水也可以用气泡水代替，水果的清甜能更快释出，夏天喝会让你不自觉爱上喝水喔！

蔬果选择诀窍：首选柑橘类、柠檬、黄瓜、薄荷叶

水溶性的维生素会比较容易释放到水中，如维生素 C、B 族维生素、花青素等。

所以建议可选用柑橘类的水果，维生素 C 含量也较为丰富，如甜橙、柠檬，或是蔓越莓、蓝莓等莓果类水果，并且在放入水杯时按压出汁，来增加营养素的释放，也因为水溶性的维生素容易流失、易受温度及光线影响而被破坏，故建议水果水要在泡好后大约半天的时间内饮用完毕。

另外，脂溶性维生素并不溶于水，因此含较多维生素 A 的蔬果则不适合放入，如木瓜、柿子、胡萝卜等。

从营养的角度来说，通过饮用加味水果水来增加水分摄取是一个很棒的选择，柠檬和甜橙都含丰富的水溶性维生素C，容易释放到气泡水中，这样的水不但能增加微量的维生素及矿物质的摄入，又补充了水分，制作的过程还能增加生活小乐趣呢！一起来动手做吧！

喝完排毒水，食材记得吃下肚

排毒水中蔬果的维生素释出量有限，有些食物纤维不会溶于水，所以喝完水后，里面的蔬果可以一起食用，把完整的营养素一并吃下。

青柠甜橙薄荷水

材料：

柠檬、橙子、小黄瓜、水或气泡水各适量

做法：

1. 将所有食材彻底清洗干净。
2. 柠檬、橙子、小黄瓜切片备用。
3. 将所有食材依序放入容量约 1000 毫升的玻璃杯中，橙子片可先稍微挤压出汁，增添风味。
4. 倒入气泡水，静置 10 分钟后即可饮用。

莓果薄荷水

材料：

蔓越莓及蓝莓适量、薄荷叶少许、水或气泡水适量

做法：

1. 将所有食材彻底清洗干净。
2. 莓果用小刀切个切口备用。
3. 将所有食材依序放入容量约 1000 毫升的玻璃水杯中，莓果可在放入前稍微挤压，增添味道。
4. 倒入气泡水，静置 10 分钟后即可饮用。

压力肥不是真的肥？摆脱压力肥的六种营养素

来我的门诊咨询过的人中，常常有很大一部分人，就算努力节食、拼命运动，减肥效果还是有限，而且当压力一来，可能忙到一整天只吃一餐，体重仍然不断上升。

其实压力过大之所以会导致肥胖，主要与以下原因有关

影响“自律神经系统”

现代人长期生活在高压力下，促使交感神经兴奋、副交感神经作用受抑制，除造成肠胃蠕动功能下降、消化功能变差，还会使脂质代谢缓慢、脂肪便容易囤积于体内，而导致体态变化。

影响“内分泌系统”

身体处于极大压力下时，会分泌肾上腺皮质醇（Cortisol，又称可体松），这种激素会刺激食欲增加，并容易囤积脂肪在腹部及臀部。

神经肽的分泌增加

长期处于压力下，体内会分泌神经肽（Neuropeptide Y：简称 NPY），会导致食欲增加及对高油、高热量食物的渴望，脂肪囤积率提高并容易堆积脂肪于腹部。

瘦体素抗性增加

长期压力持续刺激下，会增加瘦体素的抗性，进而持续导致压力肥上身。瘦体素抗性增加可使神经肽的分泌增加，进而增加食欲并堆积脂肪。

敏敏营养师 !! 我有问题

Q. 为什么有些人压力大，反而容易瘦?

其实人在面对压力时，身体交感神经会被活化，肾上腺髓质系统会产生急性压力反应，刺激肾上腺素、去甲肾上腺素分泌，以此提高新陈代谢率、帮助提高注意力并通过快速地释放能量来抵抗压力。因此，短期且很大的压力，确实可能造成体重的减轻。

但是，如果压力是长期存在，身体为了避免不断变瘦，便会出现自我保护的机制，反而开始变胖，就是我们上述提到的压力肥。

摆脱压力肥的六种营养素及摄取来源

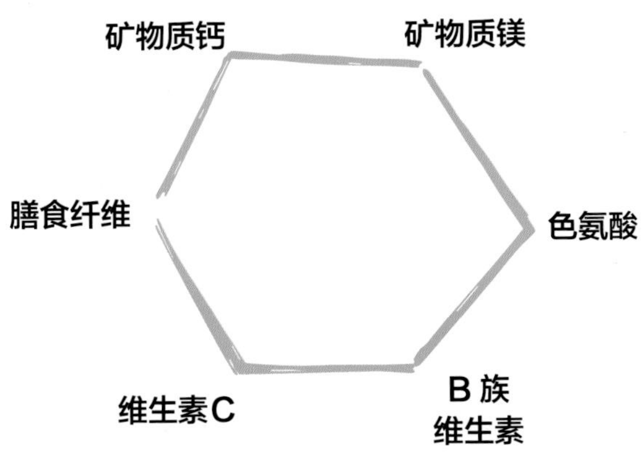

矿物质钙　稳定神经，调节代谢

压力激素的分泌会消耗掉我们人体中的钙质，而钙除了建构骨骼、牙齿之外，也是调节新陈代谢、稳定神经、燃烧脂肪很重要的矿物质。一般建议健康成人每天摄取1000毫克的钙质，但如果压力大、失眠，可以再多补充一些钙质。如牛奶、酸奶、起司、豆干、豆皮、小鱼干、黑芝麻。

矿物质镁　放松心情，稳定情绪

矿物质镁，有助于肌肉放松、稳定神经、缓和紧张情绪，同时还有助于维持心跳规律性。可适度摄取坚果、绿叶蔬菜（菠菜、苋菜、甘蓝菜等）、海藻类（紫菜）、胚芽、黄豆、黑豆等含镁量高的食材。

色氨酸　制造“快乐激素”——血清素的原料

人体之所以会出现容易生气、紧张、焦虑、疲惫、焦躁不安等情绪，多半是体内缺乏足够的血清素，而血清素是由饮食中摄取的色氨酸转化来的、人体无法自行合成。常见的含色氨酸的食物有香蕉、牛奶、奶酪、坚果等食物，都是不错的获得来源。

B族维生素　帮助“快乐激素”——血清素合成的辅助因子

想要促进“快乐激素”血清素的生成，光补充色氨酸是不够的，还要搭配其他的辅助营养素，例如：维生素 B_6、叶酸（维生素 B_9）、维生素 B_{12} 等B族维生素，才能顺利合成“快乐荷尔蒙”——血清素，因此，饮食中适度补充含B族维生素的糙米、猪肉、猪肝、蛋黄、豆类、麦片、酵母等食物就非常重要。

维生素C　协助抗压激素制造

除了B族维生素跟色氨酸能协助快乐激素合成之外，维生素C也能协助人体制造抗压力激素——副肾上腺素来对抗压力。当压力来袭，体内的维生素C也会消耗得较快，可食用猕猴桃、番石榴或柑橘类等富含维生素C的水果。

膳食纤维　**促进肠道蠕动，改善便秘困扰**

长期承受过大的压力时，会促使副交感神经作用受抑制，造成肠胃蠕动功能下降，因此长期承受压力的人，常常都会有便秘的困扰，因此需多补充膳食纤维并且多喝水来促进肠道蠕动改善便秘困扰，健康成人一日所需膳食纤维含量为 25 ~ 35 克，建议将常吃的精制淀粉，如米饭、白面、白吐司等替换成糙米、杂粮、燕麦、全麦吐司，并且摄取足够的蔬菜、水果来增加全天膳食纤维摄取量。

营养师推荐的减压食材清单

钙	带骨小鱼干、海带、海藻、虾皮、豆干、深绿色蔬菜、芥蓝、苋菜、黑芝麻、起司
镁	甘蓝菜、菠菜、南瓜、牛蒡、海藻、昆布、荞麦、小米、燕麦、杏仁、腰果、核桃
色氨酸	酸奶、牛奶、起司、坚果、纳豆、香蕉、鱼类、肉类、蛋、豆浆
维生素B	糙米、猪肉、猪肝、蛋黄、豆类、麦片、酵母
维生素C	猕猴桃、番石榴或柑橘类水果
膳食纤维	糙米、杂粮米、燕麦、各式新鲜蔬菜水果

其实想要摆脱压力肥，最关键的还是在于学会放松！但是要现代人完全没压力、好好放松并不容易。因此“每周好好运动，每天好好吃饭”来促进脑部释放血清素、多巴胺，帮助提升正能量跟幸福感，也让压力肥不要找上门，就显得非常重要。

我是素食运动者该怎么吃？

近年来吃素的观念越来越盛行，以植物性食物为主的饮食确实比荤食者更容易摄取大量的蔬果，补充较多的膳食纤维及植物营养素。对于降低心血管疾病风险、预防大肠癌及控制三高慢性病有一定的作用。

但若素食者所摄入的营养素不够全面、食素的方式不科学，可能导致营养失衡，尤其存在于肉类食材及蛋类、奶类中的营养素，更是素食者特别容易缺乏的。接下来就看看素食运动者该怎么吃。

素食运动者较容易缺乏的五种营养素：

维生素 B_{12}

维生素 B_{12} 能促进红细胞形成及参与人体神经系统传导、DNA 的合成，而维生素 B_{12} 主要存在于动物性蛋白质中，而素食者因为不吃动物性食材，尤其是全素者最容易缺乏。

若长期缺乏维生素 B_{12} 容易有疲劳、注意力不集中、记忆力下降、易怒、巨球性红细胞贫血甚至神经病变的危害发生。

怎么补?

蛋奶素运动者可从奶类、蛋类或其制品食物摄取到维生素 B_{12}，而全素者饮食上可食用藻类（如：海带、紫菜）、发酵黄豆制品（如：味噌、天贝）、亦可补充含维生素 B_{12} 的酵母粉，或综合维生素等来获取此营养素。

铁

铁是组成人体血红素与肌红素的重要成分之一，能帮助血液中的氧气在体内运行，一般分为动物性来源的血基质铁及天然植物中的非血基质铁，而素食者摄入的植物性铁质来源相对不易被消化吸收，也容易受到干扰而影响吸收率。

若运动者长期铁质摄取不足或缺乏，容易造成疲倦、虚弱、眩晕、脸色苍白、免疫力与肌耐力低、缺铁性贫血等状况，对身体及运动表现均有不良的影响。

怎么补?

可多摄取深色蔬菜及含铁量较高的蔬菜，如紫菜、红苋菜、红凤菜、菠菜等，并于饭后摄取一份含维生素C含量丰富的水果，可以促进铁质的吸收。

钙质及维生素D

长期全素者容易造成钙质及维生素D缺乏，且维生素D在体内能促进钙质和磷的吸收、帮助骨骼生长，但维生素D仅存在少数食物当中，如日晒过后的菇类、木耳或牛奶、蛋黄等，最主要的来源还是每天固定晒太阳。若纯素食者不吃奶蛋制品、又很少晒太阳，就可能造成维生素D缺乏，引起钙、磷的吸收不良，而导致骨质无法正常生成。

怎么补?

钙质可从牛奶、奶酪、深色蔬菜、豆类制品、黑芝麻、发菜等食物中摄取。

维生素 D 可以从牛奶、蛋黄中摄取到，而菇类（如香菇、杏鲍菇、鲍鱼菇、蟹味菇、珊瑚菇等）在栽培过程中能形成维生素 D，建议全素食者每天吃一份菇类食物。

更建议要每天适度的晒太阳 10 ~ 20 分钟，帮助身体合成维生素D 。

蛋白质

素食者的蛋白质来源除了蛋、奶之外，大多为豆制品，但是蛋白质氨基酸的成分必须完整人体才能吸收利用，而素食者的蛋白质来源大多缺乏部分的氨基酸（例如豆类缺乏甲硫氨酸，米制品、面制品缺乏离氨酸），长期缺乏会降低免疫力、肌耐力甚至伤口愈合速度，导致营养不良影响生长发育。

怎么补?

蛋白质来源要互相搭配补充，可以用谷类搭配蛋奶，例如玉米搭配鸡蛋、燕麦搭配牛奶，或将豆类制品与谷类制品一起吃，例如：用全麦馒头搭配豆浆、五谷米搭配豆制品、豆浆搭配米浆等，巧妙的食物搭配，就能帮助素食者摄取到完整的蛋白质氨基酸。

营养师对素食运动者的饮食建议

1. 每餐要有杂粮类和豆类互相搭配的组合（如：全麦馒头搭配豆浆、五谷饭搭配豆制品、豆浆搭配米浆等）。
2. 每天一份坚果（如黑芝麻、白芝麻、杏仁果、核桃、腰果、开心果、花生、夏威夷果、松子、瓜子等）。
3. 每天摄取的蔬菜，至少含一份绿色蔬菜（如：甘薯叶、菠菜、芥蓝菜、苋菜、芹菜、油菜、芥菜）、一份藻类食物（如：海带、紫菜）、一份菌菇类（如日晒香菇、杏鲍菇、鲍鱼菇、蟹味菇、珊瑚菌）。
4. 每天至少摄取一份以上钙含量较多的豆类食品，来增加钙的摄取量（如豆干、豆腐）。豆类食品因为加工方法不同会产生不同的营养素，黄豆、豆腐皮、豆浆、盒装嫩豆腐等制品钙含量会相对少。
5. 避免食用高油烹调、过度加工与精制食品。许多素食加工食品利用大豆蛋白、面筋、蒟蒻或香菇等，制成类似肉类造型或口感的仿肉食品，如：仿鸡、仿鸭、仿鱼、仿火腿、素鸡等，但为了让风味更佳，常会使用食品添加剂，而烹调方式也会为了增加口感而过度烹调，建议素食者应多选择新鲜食材，少吃过度加工食品。除了饮食之外，很重要的还有每天要适量运动 30 分钟、适度日晒 20 分钟。

全民健康餐盘与运动者餐盘

我的餐盘（健康成人均适用）

前面已经教大家如何估算自己每日所需要的热量了，那究竟如何保证每餐营养均衡呢？接下来要跟大家分享所有人都适用的“全民健康餐盘”搭配方案。

我们的全民健康餐盘包含七大类饮食，有杂粮类、鱼类、蛋肉类、蔬菜类、水果类、乳品类及坚果种子类，根据餐盘搭配原则来进食，可以让每一餐热量控制在 850 千卡之内。若平日活动量较少者则可将餐盘装至 3/4，热量约为 650 千卡，营养均衡又健康。

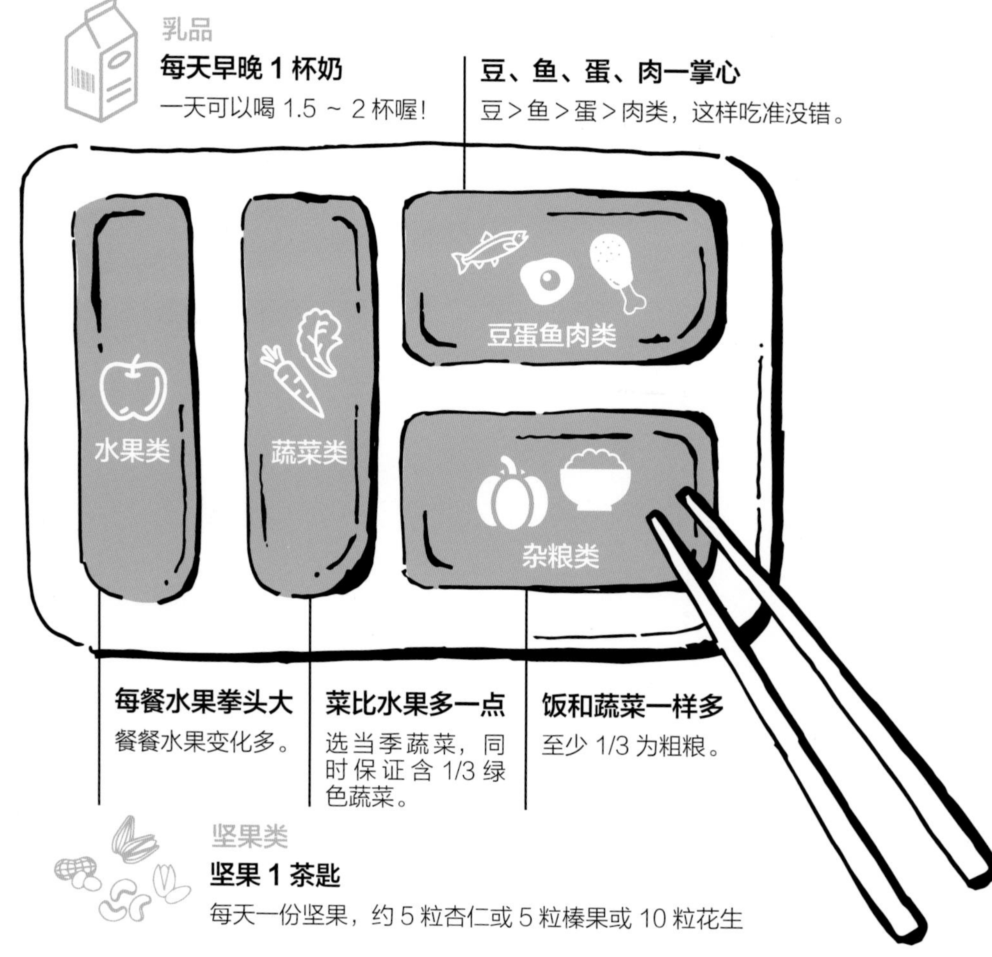

全民健康餐盘 营养满分 6 口诀

掌握“每天早晚一杯奶，每餐水果拳头大，菜比水果多一点，饭跟蔬菜一样多，豆、鱼、蛋、肉一掌心，坚果种子一茶匙”的分配口诀，让每一餐营养均衡又健康。

1. 每天早晚一杯奶

每天早、晚各喝一杯 240 毫升的乳品，增进钙的摄入量，保持骨质健康。若不想喝牛奶或不习惯食用乳制品的人，可将乳品、奶酪入菜，也可替换成奶酪、酸奶，或食用豆浆、坚果或深绿色蔬菜来帮助增加钙质摄取量。

2. 每餐水果拳头大

每天应至少吃 2 份水果，1 份水果约 1 拳大，若是切块水果，1 份水果则为大半碗至 1 碗，选择当地、当季的水果，并尽量多种类摄入。

3. 菜比水果多一点

青菜摄取量应足够，体积需比水果大，并选择当季蔬菜，包括深绿和黄橙红色且深色蔬菜需达 1/3 以上，建议每日蔬菜摄取量为 3 ~ 5 份，一份为 100 克，所以每餐蔬菜摄入量约为 1.5 份（150 克）。

4. 饭和蔬菜一样多

粗粮类的量约与蔬菜的量相同，且尽量以全粗粮为主，或至少应有 1/3 是未精制的粗粮，例如糙米、全麦制品、燕麦、玉米、甘薯等。

5. 豆、鱼、蛋、肉一掌心

一掌心的蛋白质类食物为 1.5~2 份豆、鱼、蛋、肉类食物，为避免摄入过量的饱和脂肪，这类食物的选择顺序是：豆类、鱼类与海鲜、蛋类、禽肉和畜肉类，且应避免食用加工肉品。

6. 坚果一茶匙

每天应摄取 1 份坚果类，而 1 份坚果约是 1 汤匙的量（约等于 5 粒杏仁，或 10 粒花生，或 5 粒腰果）可分配于三餐食用、磨成粉末与牛奶搭配或撒在米饭上增添风味，坚果除了富含好的油脂还有丰富的膳食纤维、维生素 E、钙、镁、锌等营养素，控制好食用量，才能吃出健康。

运动者餐盘

有了“全民健康餐盘”的概念，接下来要介绍适用于运动者的“运动者餐盘”。

因为运动强度和训练量会随着你的训练或比赛的计划而变动，每个人对每日食物的需求量会由每日的总能量需求来决定，因此餐盘也要随之变化。

因此，美国奥林匹克委员会与科罗拉多大学运动研究所共同针对运动者不同的强度状况所设计出蓝色、灰色、红色三款不同颜色的餐盘，并规定了不同训练强度时各种食物需要的比例，也可以咨询营养师把这个餐盘与你的运动计划结合起来使用。

蓝色盘子

适用于训练强度量较低、平时较轻松的训练日及休息日等不需要比赛或额外消耗更多能量与营养补充的时期（前提是未受伤，若受伤则需重新规划）。也适用于需要减体重的运动员或是当天运动消耗比平时少的情况。和灰色与红色盘子比，这个盘子上的谷类食物占比较少，而且整体的食物量也更少。

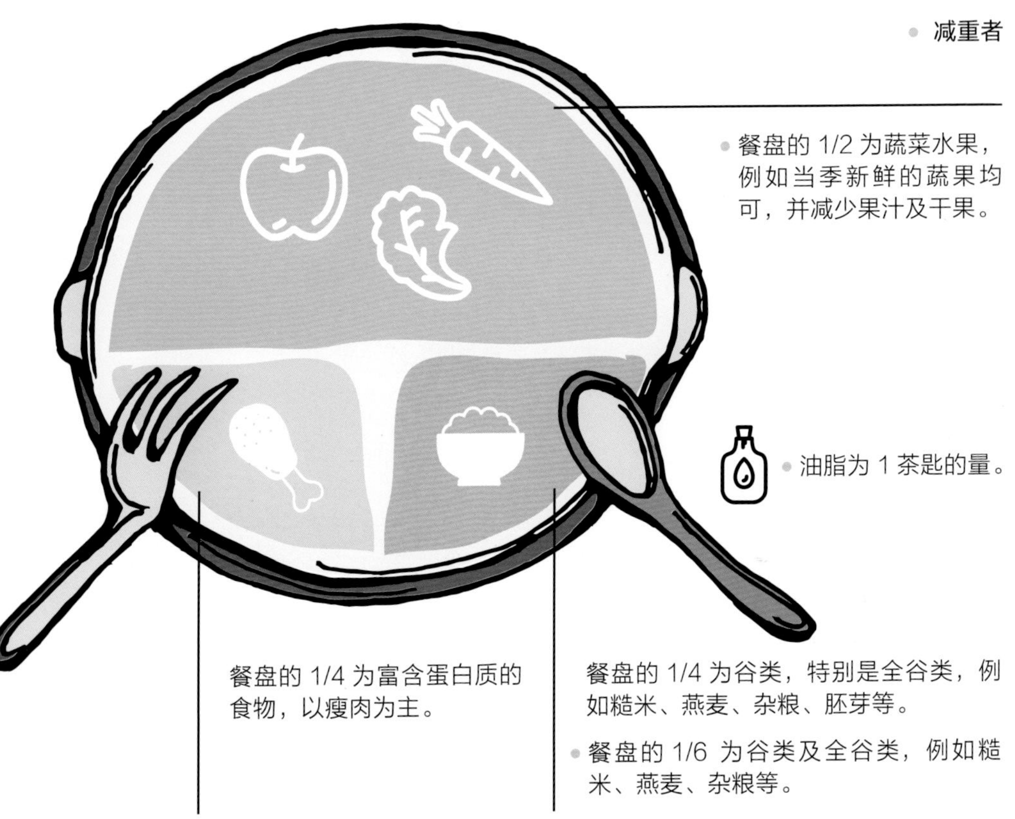

灰色盘子

中等、适度的强度训练者，一天训练 1 ~ 2 次，或是训练内容更强调动作的难度及是否规范。因为训练量增加、消耗量增加，能让灰色盘子上盛装更多的碳水化合物。这个餐盘的量符合每日能量需求（TDEE），也能作为运动强度增加或降低时向上或向下调整的基准。

油脂为一茶匙的量。

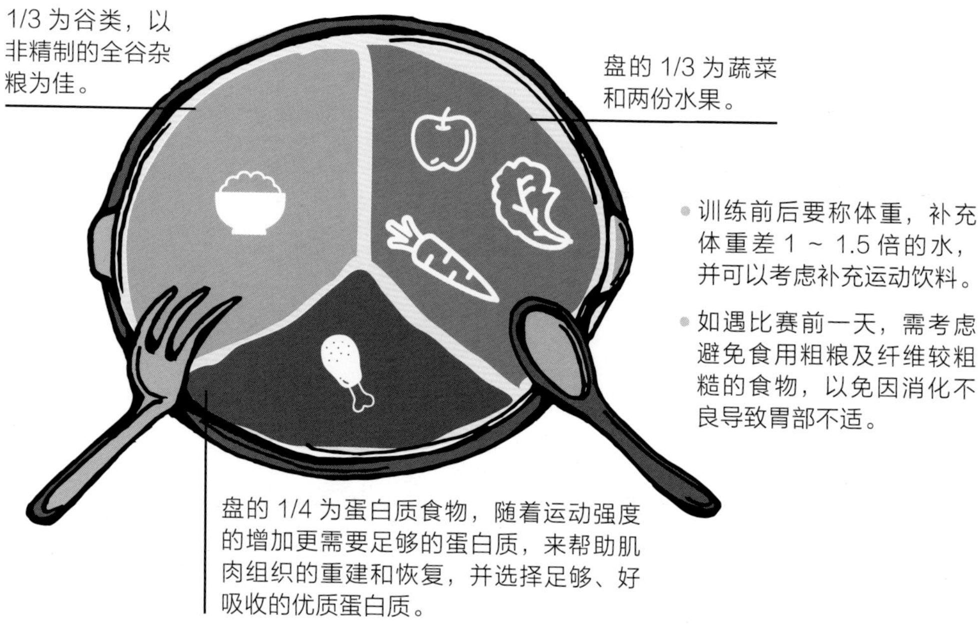

红色盘子

针对高强度运动者而设计，适用于一天至少训练两次、强度大的训练或处于比赛期间的人群。当训练强度和持续时间上升，会更需要碳水化合物，因为这是能源的主要来源（也取决于运动类型）。如果参加的比赛需要额外补充碳水化合物，也可以参考此份餐盘的分配比例在比赛日的一早、一整天或项目结束后来补充食物。

油脂 2 汤匙。

维持水分摄取充足。

1/2 盘谷类，运动强度越高越需摄入充足的碳水化合物，需包含更多的易消化的碳水化合物来预防胃肠道不适，例如米饭、白吐司、面食等。

1/4 盘的低脂蛋白质类食物来提供蛋白质来源。

1/4 盘的蔬菜和水果，可提高身体抵抗力。

餐盘中各类食物的选择重点笔记

设计这个运动餐盘的初衷主要是方便运动者能做到自我调控，除了需要注意食用量之外，食物选择及烹调方式也非常重要，避免食用加工食品、油煎及油炸物，避免单一饮食，多元、健康的摄取原则才是对的喔!

全谷杂粮类

平时应多选择含非精制淀粉类食物，如糙米、全麦面、全麦面包、藜麦、燕麦、红薯、芋头、山药等，这类食物富含膳食纤维，但是在比赛前要注意，减少高纤维的摄取量，才能在比赛时避免出现胃部不适。

豆鱼蛋肉类

保证低脂的蛋白质来源为主要摄取原则，不论猪肉、牛肉、羊肉、鱼肉、家禽、豆类及其黄豆制品、奶制品都是优质蛋白质来源，若饮用牛奶或乳制品也应注意自己是否有乳糖不耐受的情况。

水果类

应以食用新鲜水果作为维生素、矿物质、膳食纤维之天然食物来源，而腌制水果或干果类因为含糖量较高，因此较适合作为训练强度较高时的补给食物。

蔬菜类

平时摄取应以新鲜蔬菜为主，作为膳食纤维、维生素、矿物质之天然食物来源，蔬菜汤亦是一个增加蔬菜摄入量不错的选择。

水分液体

水分摄取要充足，不论是乳制品、果汁、饮料、咖啡、茶或一般饮用水都是水分的来源，但茶或咖啡可能会有利尿作用造成体内水分流失，要注意摄取。训练前后也应称重，并补充体重差 1 ~ 1.5 倍的水分，也可考虑饮用运动饮料。

油脂与坚果类

牛油果、坚果、橄榄油、植物油等都是优质的脂肪来源。

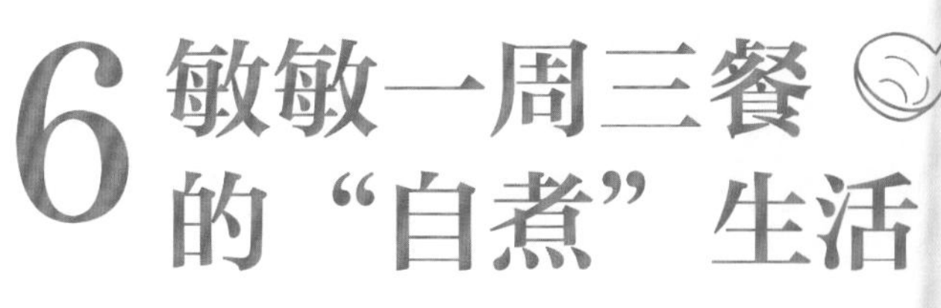

6 敏敏一周三餐的“自煮”生活

好的食材可以帮助身体机能运作，不过要如何处理这些食材，做出美味的料理，也是很重要的。现代人较忙碌，且经常在外就餐，就算不能亲手烹制每一餐，也希望大家可以选择自己做三餐，自己掌握身体所需的营养。

烹饪诀窍轻松“自煮”

烹饪前食材的选购、食材处理到烹饪后的清洁整理，耗时又费力，光想起来就觉得很麻烦，尤其对每天辛苦上班、疲惫不堪的现代人来说，如果回到家还要再准备晚餐，不能马上休息，真的会让很多人放弃自己做饭的念头，其实懂得运用一些小技巧，会大大提升烹饪的速度。

电饭煲蒸煮饭多蒸一些

每次用电饭煲蒸饭时，请多做一些，剩下的饭以分装保鲜盒冷冻起来，下一餐不需要冷藏或室温解冻，直接放入微波炉中加热，就不用每餐都做米饭，还可以用电饭煲做其他料理，像炖肉、炖汤。

小提醒 建议做饭时可以加入糙米、藜麦、杂粮类，增加膳食纤维及营养素摄取。

肉类提早腌

建议大家可以将肉类撒点黑胡椒碎、意式香料、盐、酱油、蒜等调味料，事先腌制冷冻，前一天或出门上班前，放入冷藏区退冰解冻，当天回家就可以直接烹调，而且还能变换多种烹调方式，比如早餐可以把腌好的鸡胸肉煎熟夹吐司一起吃，或是晚上回到家可以把腌好的鸡胸肉切成丁，炒蔬菜鸡肉丁；也可把鸡肉和蔬菜、番茄、豆腐一起煮成蔬菜鸡肉汤，这样，第二天中午的午餐也一起准备好了！

辛香料切好冷冻

烹饪时，备料是非常耗时的，所以像大蒜、葱、辣椒这种辛香调料，可以切好、分装后冷冻，烹调时再取出，便可以省掉许多备料的时间了。

有了这些小技巧，晚上下班回到家只要把食材丢进双层电锅炖肉或煮汤，再用烤箱烤一条鱼，同时炒青菜，便可以在不到半小时的时间完成一顿美味又丰盛的晚餐了，第二天还可以带便当到办公室当午餐，真是一举两得。

健康烹调营养自主

低油烹调法

多利用清蒸、水煮、汆烫、清炖、烘烤、卤、凉拌等低油方式烹调食物。

控制用油量

选择好的植物油来烹调并减少用油量，可利用量匙控制烹调用油的使用量，每日用量为 2 ~ 3 汤匙。

多吃瘦肉

以鱼、鸡肉取代猪、牛肉，选用瘦肉，肥肉或皮下油脂去除后再烹调。

善用食材原味

原味的利用 使用香菜、草菇、海带、洋葱、香草等味道浓烈的蔬菜，使食物变得美味。

鲜味的利用 用烤、蒸、炖等烹调方式，保持食物的原有鲜味，以减少盐及味精的使用量。

酸味的利用 在烹调时使用醋或柠檬、苹果、凤梨、番茄等水果的特殊酸味，可增加风味。

中药材与香辛料的利用 使用人参、当归、枸杞、川芎、红枣、黑枣等中药材及胡椒、八角、蒜粉等香辛料，可以减少盐的使用。

低盐佐料的使用 多用葱、蒜、姜、胡椒等低盐佐料，达到变化食物风味的目的。

小提醒 使用低钠调味品时要注意，市面上有售含钠量较低的低钠酱油或食盐，但含钾量高，慢性疾病患者需在营养师指导下使用。

7 菜单提案

料理的小窍门学会了吗？每天都亲自下厨对繁忙的现代人来说，真的有点很难实现，但是没关系，如果一周中能够有三餐能在家自己做，其实就很棒了！接下来设计的 15 种料理提案，每餐都含有主食、配菜，再搭配一款汤品或点心饮品，食谱分量都是两人份，热量计算为一人份，希望大家能和敏敏一样，享受“一周三餐自煮生活”。

1

主餐 / **焗烤番茄鸡肉丸**
配菜 / **南瓜沙拉**
饮品 / **菠菜苹果果昔**

焗烤
番茄鸡肉丸

289.6 千卡 / 人

· 用鸡肉馅取代猪肉或牛肉，热量更低也能减少红肉的摄取量。
· 杏鲍菇可使口感更有嚼劲，也能增加蔬菜的摄入量。

食材

鸡肉馅	160 克
洋葱	1/4 个
鸡蛋	1 个
杏鲍菇	1 个
番茄	3 个
番茄酱	1 小匙
盐	适量
黑胡椒碎	适量
橄榄油	10 毫升
起司碎	40 克

准备

杏鲍菇切小丁。番茄切块，番茄子刮下后备用。

做法

① 洋葱切碎，放入油锅拌炒至变色、变软，放凉后备用。

② 鸡肉馅加入洋葱、鸡蛋、杏鲍菇搅拌均匀，装入食品袋中摔打至出现黏性。

③ 揉成若干个小肉丸备用。

④ 在番茄子中加入橄榄油、盐、黑胡椒碎、番茄酱拌匀。

⑤ 烤盘中放入肉丸、番茄块，淋上番茄酱汁，撒上起司碎。

⑥ 放入预热至 200 摄氏度的烤箱中，烤约 25 分钟即完成。

◆ 去肉摊买鸡胸肉时，询问是否可以帮你制作鸡肉馅，若不行，超市也买得到鸡肉丝或鸡肉薄片，自己剁成鸡肉馅也可以。

◆ 减少使用番茄罐头，直接用新鲜的番茄，搭配一点点的番茄酱，风味就很棒了。

南瓜沙拉

184.5 千卡 / 人

· 直接吃黄豆比喝豆浆能吃到更多的膳食纤维。

食材

南瓜	150 克	苹果	半个
熟黄豆	30 克	盐	适量
水煮蛋	1 个	黑胡椒碎	适量

准备

南瓜去皮、去子。苹果去皮、去子后切小丁。水煮蛋去壳后切丁。

做法

① 南瓜蒸熟后压成泥，趁热加入盐、黑胡椒碎。

② 在南瓜泥中拌入苹果丁、水煮蛋丁、熟黄豆即可。

如何制作熟黄豆

熟黄豆食材

黄豆	1 杯
水	1.5 杯

准备

将黄豆冲洗两次，清洗干净，用开水浸泡 1 晚。

熟黄豆做法

1. 将泡过黄豆的水倒掉，双层电炖锅内锅倒入 1.5 杯水，外锅加入 2 杯水，按下开关，炖熟后再放置 1~2 小时，闷至黄豆变软。
2. 趁热撒上适量盐、糖拌匀，放入冰箱冷藏备用，可放 3 天。

·菠菜稍微汆烫，减少涩味。
·用破壁机搅打质地更细致。

菠菜苹果果昔

66 千卡 / 人

食材

菠菜	200 克	水	400 毫升
苹果	1 个	蜂蜜	适量
胡萝卜	60 克		

准备

苹果去皮后切块。胡萝卜去皮后切丁。菠菜洗净后切段。

做法

菠菜汆烫后，与苹果、胡萝卜、水、蜂蜜一同放入果汁机中搅拌，再用破壁机打得更细即完成。

2

主餐 / **小排萝卜烧黄豆**
配菜 / **西葫芦云朵烤蛋**
汤品 / **豆苗豆乳味噌汤**

小排萝卜
烧黄豆
246.9 千卡 / 人

食材

猪小排	160 克	酱油	2 大匙
熟黄豆	30 克	料酒	2 大匙
白萝卜	1/2 根	糖	1 小匙
葱	2 小段	水	400 毫升
姜片	2 片	油	适量

准备

准备一锅冷水，放入猪小排，待水煮沸后，取出猪小排。

做法

① 锅烧热后倒入适量油，爆香葱段、姜片。

② 将猪小排、白萝卜、熟黄豆、水、酱油、糖、料酒加入锅中，煮沸后转小火续煮半小时煮软即可。

◆ 这道菜也可以用双层电锅蒸。

· 熟黄豆使用很方便，推荐使用。

西葫芦云朵烤蛋

60 千卡 / 人

· 烤过的蛋白脆脆的，有趣又可爱的口感。
· 西葫芦热量很低喔！

食材

西葫芦　1 个
鸡蛋　2 个
橄榄油　1 小匙
盐　适量
黑胡椒碎　适量

准备

将西葫芦切成圆片。将蛋清和蛋黄分开备用。

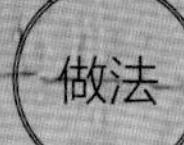

做法

① 在蛋清中加入适量的盐，用打蛋器打到起泡状态。
② 将西葫芦片排成圆形，淋上橄榄油，撒盐和黑胡椒碎，铺上半打发的蛋白，中间放上蛋黄。
③ 烤箱预热至 200 摄氏度，烤 15 分钟即可。

豆苗豆乳味噌汤

105.7 千卡 / 人

· 可根据个人喜好增加豆苗的使用量。
· 同样都是豆制品的豆浆适合搭配味噌。

食材

豆苗	150 克
白玉菇	1 包
无糖豆浆	300 毫升
味噌	2 大匙
海带段	5 厘米

做法

① 冷水锅中放入海带段，煮沸前将海带取出。

② 加入白玉菇煮熟，加入无糖豆浆煮至微微沸腾。

③ 开小火加入味噌融化，放入豆苗烫熟即可。

◆ 味噌多半带有咸味，可随自己的口味加盐调味。

3

主餐 / **鸡肉小黄瓜味噌烧**

配菜 / **马铃薯黄豆沙拉**

点心 / **豆腐酸奶慕斯**

鸡肉小黄瓜味噌烧

126.4 千卡 / 人

· 鸡肉在煎的过程中会出油，所以不用额外使用油。
· 多加一点小黄瓜，它就会从配角变主角。

食材

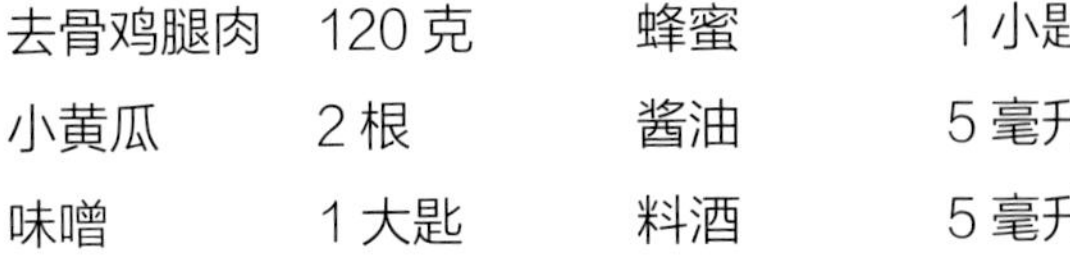

去骨鸡腿肉	120 克	蜂蜜	1 小匙
小黄瓜	2 根	酱油	5 毫升
味噌	1 大匙	料酒	5 毫升

准备

鸡肉以酱油、料酒腌渍 30 分钟。

做法

① 锅烧热后，去骨鸡腿肉带皮面朝下煎，出油后煎成金色，翻面煎至熟透。

② 将煎熟的鸡腿肉切成小块。

③ 将味噌、蜂蜜、酱油、料酒、适量的水拌匀，鸡肉与小黄瓜一起倒入锅中拌炒，用调味汁调味即可。

◆ 鸡腿肉比鸡胸肉肉质更嫩、更好吃，若想要减少热量的摄入，吃的时候去皮，或替换成鸡胸肉。

马铃薯黄豆沙拉

187.7 千卡 / 人

· 马铃薯淀粉含量较高，今天饭量要减少 1/4 喔！

食材

马铃薯	1 个	糖	1 小匙
熟黄豆	20 克	盐	适量
沙拉酱	1.5 大匙	黑胡椒碎	适量
醋	1/2 小匙	小黄瓜	半根

准备

马铃薯外皮清洗干净。将小黄瓜切成小丁。

做法

① 将马铃薯蒸熟。

② 马铃薯去皮后捣成泥，趁热加入醋、糖、盐、黑胡椒碎拌匀后放凉。

③ 在马铃薯泥中加入小黄瓜丁、熟黄豆，拌入沙拉酱即可。

◆ 可以一次做两三天份，吃之前再拌入沙拉酱即可。

豆腐酸奶慕斯

116.3 千卡 / 人

食材

嫩豆腐	70 克
奶油乳酪	100 克
希腊酸奶	30 克
糖	30 克
猕猴桃	1 个

准备

猕猴桃去皮后切丁备用。嫩豆腐利用咖啡滤纸将水分沥干。

做法

① 奶油乳酪放室温软化，加入糖搅拌均匀。

② 加入嫩豆腐、希腊酸奶拌匀。

③ 摆上猕猴桃丁即可。

用酸奶和嫩豆腐取代鲜奶油更健康！

◆ 巧克力爱好者，可以再加入 5 克的可可粉。

◆ 没有希腊酸奶的话，将一般酸奶利用咖啡滤纸过滤掉水分也可以。

4

主餐 / **苦瓜盐味猪肉丝**
配菜 / **意式烤蔬菜**
汤品 / **马铃薯洋葱汤**

苦瓜盐味猪肉丝

138.5 千卡 / 人

· 让苦瓜的量，看起来比猪肉多就对了。

食材

苦瓜	1 根
猪里脊肉丝	160 克
橄榄油	1 小匙
盐	适量

做法

① 苦瓜洗净后去子、切片。

② 热油锅下肉丝炒至变白，倒入苦瓜拌炒，加盐调味即可。

◆ 如果怕苦，苦瓜白色的瓤可以多挖掉一些。

· 挑选各种色系的蔬菜，烤出你的意式风。

意式烤蔬菜

107 千卡 / 人

食材

西葫芦	1 个	紫洋葱	1/8 个
玉米笋	6 根	盐	适量
蘑菇	80 克	黑胡椒碎	适量
番茄	1 个	意大利香料	适量
西蓝花	1/4 个	橄榄油	2 小匙
蒜	4 瓣	干燥月桂叶	2 片

准备

玉米笋对切成两半。番茄切成大块。西蓝花切成小块。蘑菇对切成俩。西葫芦切片。紫洋葱切丝。

做法

① 将玉米笋、蘑菇、番茄、西葫芦、西蓝花、蒜、紫洋葱和干燥月桂叶放入烤盘中。

② 撒上盐、黑胡椒碎、意大利香料、橄榄油。

③ 烤箱预热至 180 摄氏度，烤 20 分钟。

马铃薯洋葱汤

55 千卡 / 人

洋葱与马铃薯的清汤，微甜中带点呛辣感。

食材

马铃薯（中等大小）	1 个
洋葱	1 个
蘑菇	6 个
水	500 毫升
黑胡椒碎	适量
盐	适量

准备

马铃薯去皮后切块。

做法

① 将洋葱切“十”字形不切断，与马铃薯、水、蘑菇一起放入双层电锅内锅。

② 外锅加入 2 量杯水，将食材煮熟，加入盐、黑胡椒碎调味即完成。

5

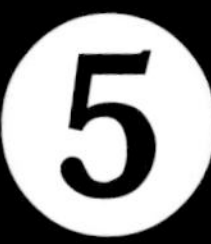

主餐 / **秋刀鱼佐萝卜泥三明治**

配菜 / **木耳凉拌蒜香洋葱**

点心 / **苹果薄片酸奶夹心**

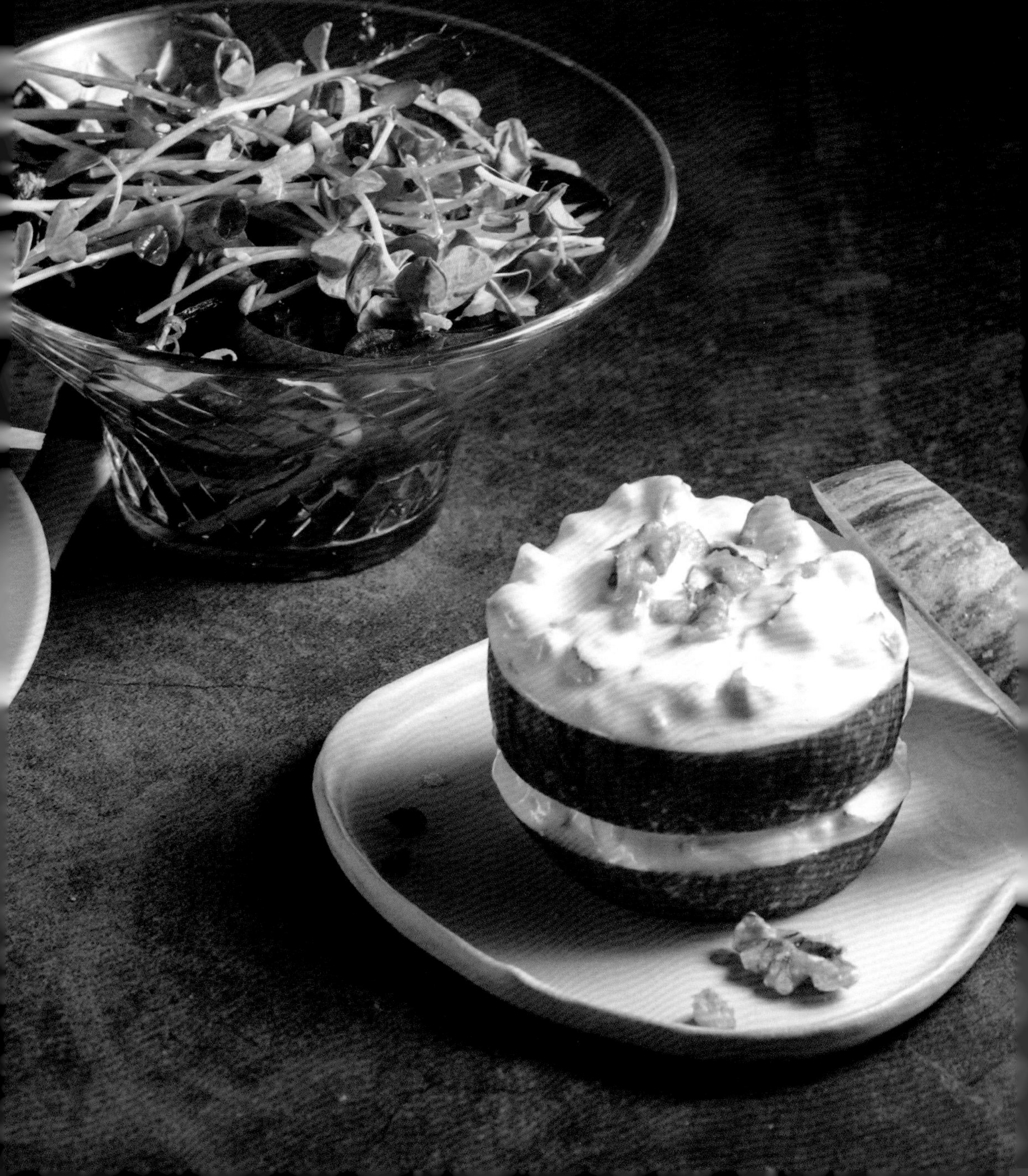

秋刀鱼佐萝卜泥三明治

404.7 千卡 / 人

· 秋刀鱼是便宜、使用方便又有营养的鱼类。

· 秋刀鱼含丰富的天然油脂，烹调时不需要再用油。

食材

冷冻秋刀鱼	1 条	柠檬汁	2 小匙
白萝卜	40 克	七味粉	2 小撮
洋葱	1/8 个	蒜	2 瓣
薄盐酱油	2 大匙	法棍（中等大小）	1 个

准备

蒜切细末、白萝卜磨成泥备用。烤箱预热至 180 摄氏度。
洋葱切丝后泡入冰水中备用。

做法

① 秋刀鱼放在锡箔纸上，放入烤箱烤 15 分钟。
② 剔下秋刀鱼的肉。
③ 将蒜末、白萝卜泥、酱油、柠檬汁、七味粉拌匀，将冰镇洋葱丝浸泡后取出。
④ 法棍烤后，从侧面切开成两半，夹入洋葱、秋刀鱼，淋上萝卜泥酱汁。

◆ 冷冻秋刀鱼使用方便，不仅可以用烤箱，也可以用微波炉、平底锅等烹饪工具加热，制作方便。

木耳凉拌蒜香洋葱

81.4 千卡 / 人

食材

新鲜木耳	100 克	蒜	2 瓣
洋葱	1/4 个	辣椒	1 个
豆苗	60 克	葱	1 根
亚麻籽油	10 克		

准备 木耳切丝。洋葱切丝。

做法

① 木耳汆烫、煮熟后用冰水冰镇。
② 洋葱也放入冰水中冰镇。
③ 蒜、葱、辣椒切末，加入木耳、洋葱、豆苗中，淋上亚麻籽油混合均匀。

· 生吃的豆苗要洗净后再食用喔！
· 亚麻籽油不适合高温拌炒，适合用来做凉拌菜。

苹果薄片酸奶夹心

88.2 千卡 / 人

食材

苹果	1 个
原味无糖酸奶	60 克
坚果	8 粒
蜂蜜	1 小匙

① 苹果切薄片，去核。

② 酸奶中拌入坚果，夹在两片苹果中间，并淋上蜂蜜。

◆ 若买到含糖或调味酸奶，就不要再另外加蜂蜜了。

6
主餐 / 山药味噌肉卷
配菜 / 秋葵炒鱿鱼圈
汤品 / 萝卜泡菜汤

山药味噌肉卷

224.9 千卡 / 人

· 制作时，要确定肉片熟透即可。
· 吃山药容易有饱腹感。

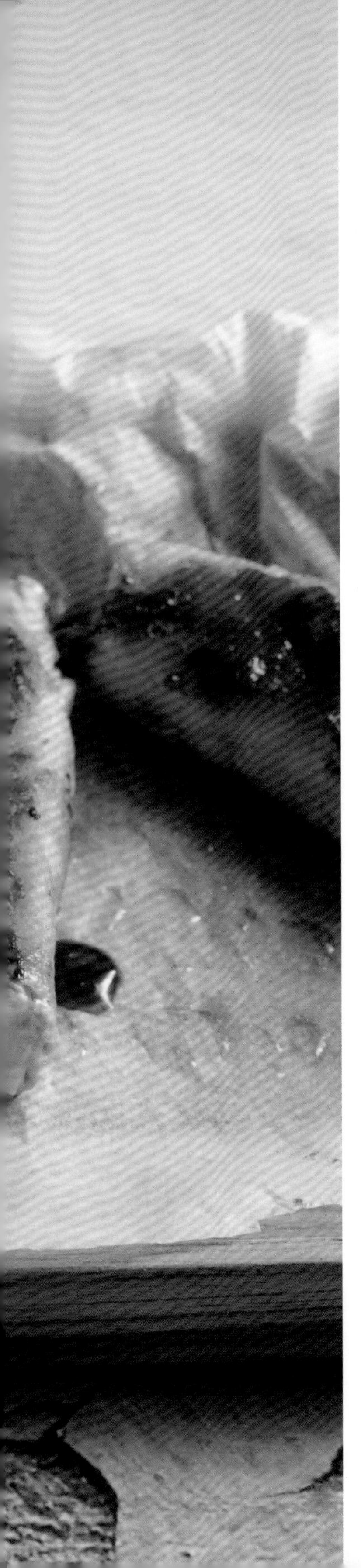

食材

山药	100 克
猪里脊肉片	150 克
味噌	2 大匙
酱油	1 大匙
糖	1 小匙
芝麻	适量

准备

山药去皮后切粗条。

做法

① 用猪里脊肉片卷起山药条。

② 锅内倒入适量油，烧热后，将肉卷煎熟。

③ 在酱油中加入糖，煮化，熄火后加入味噌拌匀，淋在肉卷上，撒点芝麻即完成。

◆ 山药要完全煮熟。

· 秋葵属寒凉性食材，可加入姜片中和凉性。
· 鱿鱼圈和秋葵热量都很低。

秋葵炒鱿鱼圈

64 千卡 / 人

食材

秋葵	100 克	姜片	1 片
鱿鱼圈	30 克	盐	适量

准备

秋葵洗净后对切成两半。

做法

① 锅烧热后，倒入适量油，爆香姜片，加入鱿鱼圈炒至半熟。

② 加入秋葵炒熟，再用盐调味即完成。

◆ 鱿鱼圈可以用米酒腌一下，去腥。

萝卜泡菜汤

67 千卡 / 人

食材

白萝卜　100 克
舞菇　1 包
豆腐　150 克
泡菜　60 克

准备

白萝卜去皮后切块。豆腐切块。

做法

① 锅中加适量水煮沸后，加入白萝卜、舞菇煮熟。

② 加入豆腐、泡菜煮沸即完成。

- ◆ 菇类热量相差不大，可以用各种菇类替换。
- ◆ 市售泡菜多半略咸，可根据个人口味调整盐的使用量。

7

主餐 / **苦瓜猪肉片蒸蛋**
配菜 / **牛蒡胡萝卜煮物**
饮品 / **小松菜酸奶果昔**

苦瓜猪肉片蒸蛋

214.8 千卡 / 人

· 一盘有肉有菜的主餐营养更均衡！
· 用蒸的方式烹饪，不用油，热量也会降低。

食材

猪里脊肉片	6 片	鸡蛋	2 个
苦瓜	1 根	海带高汤	360 毫升
樱花虾	15 克	盐	适量

准备

苦瓜洗净后，切成两厘米厚的圆片，去子。

做法

① 蛋打成蛋液，加入海带高汤、盐搅拌均匀。
② 取一深盘，摆入苦瓜。
③ 在苦瓜中放入猪里脊肉片，再放入樱花虾。
④ 蛋液过筛后倒入苦瓜中，将剩下的蛋液倒入盘中。
⑤ 放入锅中蒸 15 分钟即完成。

◆ 在锅体与锅盖间夹一支筷子露出小缝隙，可使蒸蛋表面更加平滑。

◆ 若没有海带高汤，用清水代替也可以。

牛蒡胡萝卜煮物

114.2 千卡 / 人

· 牛蒡富含膳食纤维，有助于肠胃蠕动。

食材

牛蒡	1 根	葱	1 根
胡萝卜	1 根	薄盐酱油	2 大匙
姜	1 片	糖	1 小匙
水	300 毫升	料酒	2 大匙

准备

牛蒡、胡萝卜去皮后切成粗段。葱切段。

做法

加入牛蒡、胡萝卜、姜片、水、薄盐酱油、糖、料酒炖煮，起锅前下入葱段，即完成。

- 将锡箔纸揉成球状，就可以轻松清理牛蒡较粗的外皮。
- 牛蒡遇到空气会氧化而变成褐色，烹饪前再削皮并切块，或是处理后泡入水中备用。

小松菜酸奶果昔

83.3 千卡 / 人

食材

小松菜	150 克
苹果	1 个
酸奶	120 克
冰块	10 块

准备

小松菜冷冻一晚。苹果去皮切块。

做法

果汁机中放入小松菜、苹果、酸奶、冰块搅打成果昔即可。

◆ 不喜欢生的小松菜，也可以不冷冻，烫过再打成汁也可以。

· 加了青菜的果昔，比纯果汁更有营养。

8

主餐 / **小聚会手卷**

配菜 / **菇菇茄子味噌焗烤**

汤品 / **蛤蜊昆布清汤**

小聚会手卷

391.5 千卡 / 人

· 不用去餐厅，在家就能吃寿司。

食材

醋饭食材		手卷食材			
米	1 杯	醋饭	280 克	海苔	6 片
醋	35 克	各式生鱼片	140 克	酱油、山葵酱	各适量
糖	20 克	小黄瓜	2 根		
盐	3 克	胡萝卜	半根		

做法

① 将醋、糖、盐加热至糖融化后拌匀，饭煮熟后，趁热倒入米饭中，以切拌方式快速拌匀。

② 海苔片上随自己的喜好放上适量的醋饭、小黄瓜、胡萝卜、生鱼片即可（可加入酱油和山葵酱）。

◆ 直接购买市售沙拉，不仅可以省去处理食材的时间，还能同时吃到多样的新鲜蔬菜。

菇菇茄子味噌焗烤

122 千卡 / 人

食材

圆茄子　1 个
杏鲍菇　2 个
味噌　1 大匙
起司丝　40 克

准备

① 杏鲍菇切块，茄子洗净后对切成两半。
② 烤箱预热至 200 摄氏度。

做法

① 用刀将茄子瓤切除，使茄肉仅剩 1 厘米厚；将切下的茄子瓤切成块。
② 将杏鲍菇和茄子瓤放入茄子盅里。
③ 抹上薄薄一层的味噌，放上起司丝烤 15 ~ 20 分钟。

蛤蜊昆布清汤

55 千卡 / 人

食材

昆布带	5 厘米宽
姜	1 小片
蛤蜊	120 克
料酒	适量
盐	适量

做法

① 冷水中放入昆布、蛤蜊、姜片后开火加热。

② 煮至蛤蜊开口后，将昆布带取出，用料酒、盐调味。

因为使用昆布汤底，不需要过度调味就很鲜美。

9

主餐 / **鲜虾水菜乌龙面**

配菜 / **龙须菜炒杏鲍菇**

点心 / **柠檬猕猴桃果冻**

鲜虾水菜乌龙面

321.5 千卡 / 人

· 虾的升胆固醇指数远低于猪肉、牛肉喔！

食材

鲜虾	6 个
水菜	100 克
乌冬面	2 包
盐	适量

准备

鲜虾洗净后备用。

做法

① 煮一锅热水，加入鲜虾、乌冬面煮熟。

② 起锅前加入水菜煮熟，并用盐调味即可。

◆ 若有昆布高汤，替代热水会更好。

龙须菜炒杏鲍菇

食材

龙须菜	120 克
杏鲍菇	2 个
姜	1 片
香油	1 小匙
盐	适量

准备

姜切丝，杏鲍菇切条。

做法

① 杏鲍菇煎至变软。

② 淋上少许香油，爆香姜片，下龙须菜炒熟，并用盐调味即可。

◆ 使用香油时尽量转中小火拌炒。

柠檬猕猴桃果冻

76.5 千卡 / 人

食材

柠檬	1 个
开水	250 毫升
糖	15 克
吉利丁片	5 片
猕猴桃	1 个

准备

吉利丁片泡冰水备用。猕猴桃切薄片。柠檬切成两个薄片，剩下的柠檬挤汁备用。

做法

① 将开水和糖、柠檬片、柠檬汁一起加热，煮至糖融化后关火。

② 柠檬糖水凉至 60 摄氏度，将挤干水分的吉利丁片放入锅中搅拌均匀。

③ 准备一口玻璃杯，放入猕猴桃片和柠檬液，放入冰箱冷藏一晚即完成。

◆ 吉利丁片遇到酸性食材凝结力会变差，因此吉利丁片的使用量要稍微多一些。

· 将水果做成果冻，吃起来安心。

10

主餐 / **葱香鸡腿排**

配菜 / **蔬菜烘蛋**

汤品 / **菠菜海带芽汤**

葱香鸡腿排

125.5 千卡 / 人

· 鸡腿油脂丰富，适合搭配小洋葱一同食用。

食材

鸡腿肉	160 克
小洋葱	3 个
黑胡椒碎	适量
盐	适量

准备

将小洋葱切片。鸡腿肉用黑胡椒碎、盐腌 15 分钟。

做法

① 锅烧热后放入鸡腿肉，带皮面朝下，将鸡腿肉煎至金黄、熟透。

② 用煎鸡腿排时渗出的油脂略微煎洋葱片，码在煎好的鸡肉上即可。

◆ 鸡腿肉肉质紧实可口，若想要减少热量的摄入，吃的时候去皮，或替换成鸡胸肉。

蔬菜烘蛋

84.5 千卡 / 人

· 选用的蔬菜为时令蔬菜，也可以挑选自己喜欢的食材。

食材

鸡蛋	2 个	甜椒	半个	盐	适量
香菇	8 个	西葫芦	1 个	意大利香料	适量
玉米笋	6 根	黑胡椒碎	适量	橄榄油	1 小匙

准备

香菇切片。将玉米笋、西葫芦、甜椒切成小块。将鸡蛋搅成蛋液。

做法

① 将香菇片、玉米笋块、甜椒块、西葫芦块、黑胡椒碎、盐、意大利香料混合均匀。

② 将烤盘上刷一层橄榄油，放入步骤 1 的材料，倒入蛋液。

③ 送入预热至 180 摄氏度的烤箱，烤约 20 分钟即可。

◆ 可刷上适量橄榄油，避免蔬菜烤得太干。

菠菜海带芽汤

27.5 千卡 / 人

食材

菠菜	200 克
海带芽	20 克
水	800 毫升
盐	适量

准备　菠菜洗净后切段。

做法　锅中水烧开后，下入海带芽、菠菜，加入适量盐调味。

· 菠菜很有营养，所以动画片中“大力水手”爱吃菠菜是有原因的喔！

11

主餐 / **圆白菜猪里脊肉片**

配菜 / **胡萝卜豆腐沙拉**

点心 / **南瓜烤布丁**

圆白菜
猪里脊肉片

240.7 千卡 / 人

· 料理多用焖蒸方式，减少用油量。

· 猪里脊也是控制热量期间宜经常使用的食材。

食材

圆白菜	200 克
猪里脊肉	140 克
橄榄油	2 小匙
盐	适量

准备

① 锅中倒入少许橄榄油，略微烧热后煎猪里脊肉，加入圆白菜。

② 撒上少许盐，盖锅盖焖熟即可。

· 拒绝市售沙拉酱，用豆腐取代！
· 切小片更好入口。

胡萝卜豆腐沙拉

225 千卡 / 人

食材

胡萝卜	1 小根	柠檬汁	20 毫升
小黄瓜	1 根	盐	适量
嫩豆腐	1 块	黑胡椒碎	适量
橄榄油	1 小匙		

准备

胡萝卜、小黄瓜削成圆薄片。

做法

① 胡萝卜汆烫约 40 秒，沥干。

② 嫩豆腐表面覆一张湿纸巾，与一碗水一同放入微波炉中加热 3 分钟，去除多余的水分。

③ 将嫩豆腐捣碎，加入柠檬汁、盐、黑胡椒碎、橄榄油拌匀。

④ 将胡萝卜、小黄瓜片平铺在盘子上，淋上豆腐泥即完成。

南瓜烤布丁

126.1 千卡 / 人

食材

南瓜	100 克
鸡蛋	1 个
鲜奶	80 毫升
细砂糖	20 克
肉桂粉	适量
坚果	适量

准备

南瓜去皮、去子，再切块。

做法

① 南瓜块放入双层电锅内锅中，外锅加入一杯水蒸 15 分钟。

② 鲜奶倒入锅中，加入南瓜块，将南瓜块压成泥，一边开火煮到微微煮沸，看到小泡泡即可熄火，过筛至更细。

③ 蛋液打散，加入细砂糖、肉桂粉搅散后，加入南瓜鲜奶酱，拌匀后再过筛一次。

④ 将蛋液倒入耐烤的容器或玻璃杯中。

⑤ 再准备一个深烤盘或可放入布丁容器的玻璃保鲜盒，倒入半盒热水，再放入预热至 180 摄氏度的烤箱烤 20 ~ 25 分钟。

⑥ 取出完全冷却后放入冰箱冷藏，摆上坚果即可。

◆ 不喜欢肉桂，不加也没关系。

12
主餐 / 涮猪肉洋葱沙拉
配菜 / 小松菜炒虾仁
汤品 / 胡萝卜南瓜浓汤

涮猪肉洋葱沙拉

227.6 千卡 / 人

· 用新鲜洋葱做沙拉酱，食材质量自己把关。
· 洋葱不只是辛香料，当蔬菜吃也很好。

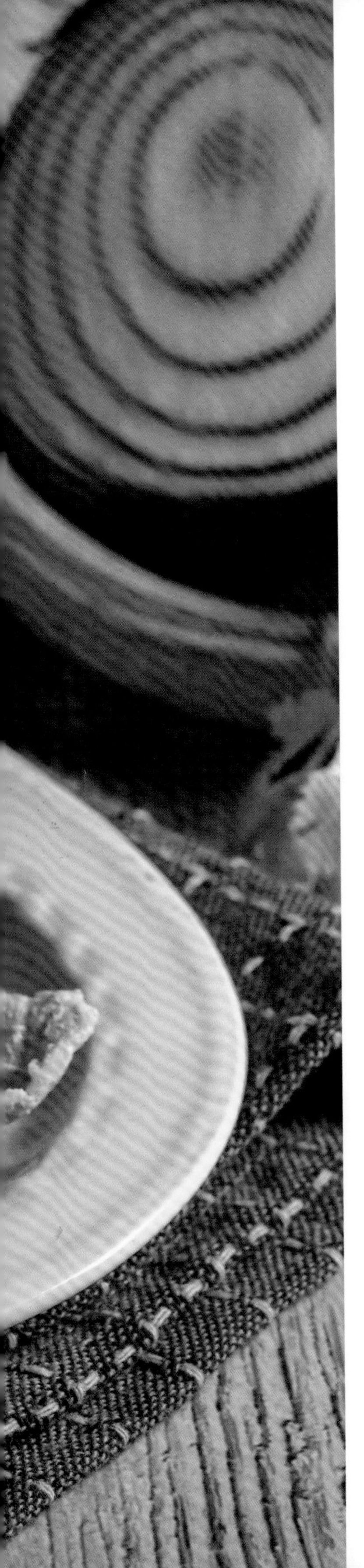

食材

猪里脊肉片	160 克	糖	20 克
洋葱	1/4 个	蜂蜜	10 克
蒜	1 瓣	盐	适量
橄榄油	2 小匙		

准备　洋葱切末。

做法

① 锅中水烧开，将肉片涮一涮，烫至全熟，放入冰块上冰镇冷却。

② 将洋葱末与橄榄油、蒜、糖、蜂蜜、盐一起放入料理机中搅匀制成洋葱酱。

③ 在里脊肉片上淋上洋葱酱，在一旁放上材料外的洋葱丝搭配即完成。

◆ 若怕洋葱太呛辣，可放入冰水中冰镇，或是直接选择清甜的白洋葱。

小松菜炒虾仁

53 千卡 / 人

· 将虾仁与青菜同炒，颜色漂亮，看起来更美味。

食材

鲜虾	6 个
小松菜	200 克
蒜	1 瓣
盐	适量

准备

鲜虾去壳备用。

做法

① 热油锅，爆香蒜，放入虾煎至表面上色。

② 加入小松菜拌炒熟后，加入盐调味。

胡萝卜南瓜浓汤

184.9 千卡 / 人

食材

胡萝卜	1 根	水	200 毫升	坚果	6 粒
南瓜	110 克	牛奶	340 毫升	盐	适量
洋葱	1/4 个	黄油	10 克	黑胡椒碎	适量

准备

将胡萝卜、南瓜去皮、切小块后蒸熟。洋葱切末。坚果擀碎。

做法

① 锅中加入水、洋葱、胡萝卜、南瓜煮沸后，用搅拌机打成糊。

② 加入牛奶、盐、黑胡椒碎调味，再稍微煮沸，起锅前加入黄油、坚果碎即可完成。

13

主餐 / **鲔鱼奶油乳酪贝果**

配菜 / **咖喱风虾仁炒西蓝花**

甜品 / **鲜奶燕麦布丁**

鲔鱼奶油乳酪贝果

395.2 千卡 / 人

· 今天吃点西式套餐，换换口味吧！
· 一定要挑选水煮鲔鱼罐头，热量比较低喔！

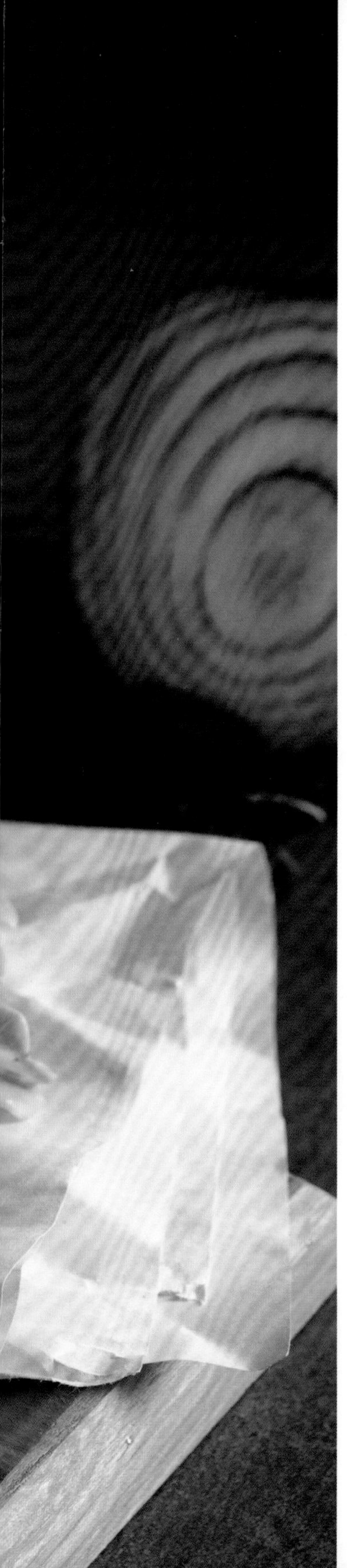

食材

贝果	2 个	柠檬（取汁）	半个
生菜	100 克	洋葱	1/4 个
奶油乳酪	20 克	水煮蛋	1 个
水煮鲔鱼罐头	1 罐	红椒粉	适量

准备

洋葱切丝。水煮蛋切片。生菜洗净。

做法

① 奶油乳酪加入红椒粉、柠檬汁、鲔鱼罐头拌匀备用。

② 贝果对切成两半，中间夹入生菜、洋葱丝、水煮蛋片、鲔鱼乳酪抹酱即完成。

◆ 奶油乳酪放室温条件下软化更容易拌匀。

咖喱风虾仁炒西蓝花

115 千卡 / 人

食材

西蓝花	160 克	盐	适量
鲜虾	6 个	黑胡椒碎	适量
黄油	5 克	咖喱粉	适量
橄榄油	10 克		

准备

鲜虾去壳后剥出虾仁。西蓝花洗净。

做法

① 热油锅，倒入橄榄油，煎虾仁至表面变成红色。

② 续下西蓝花拌炒，撒上盐、黑胡椒碎、咖喱粉调味，起锅前放入黄油，化开后拌一下即完成。

◆ 将黄油和橄榄油一起使用，可让香气更浓郁。

鲜奶燕麦布丁

137 千卡 / 人

食材

鲜奶	300 毫升	糖	10 克
吉利丁片	2 片	麦片	适量

准备

将吉利丁片泡入冰水备用。

做法

① 在鲜奶中加糖煮至糖融化，加热至 70 摄氏度左右后熄火。

② 待温度降至 60 摄氏度左右，下吉利丁片拌匀。

③ 玻璃杯底层放入麦片，倒入鲜奶布丁液，冷藏一晚即完成。

◆ 加入吉利丁片前，记得把水分控干。

14

主餐 / **鸡肉蔬果串**
配菜 / **牛油果番茄莎莎**
甜品 / **红薯坚果酸奶**

鸡肉蔬果串

211 千卡 / 人

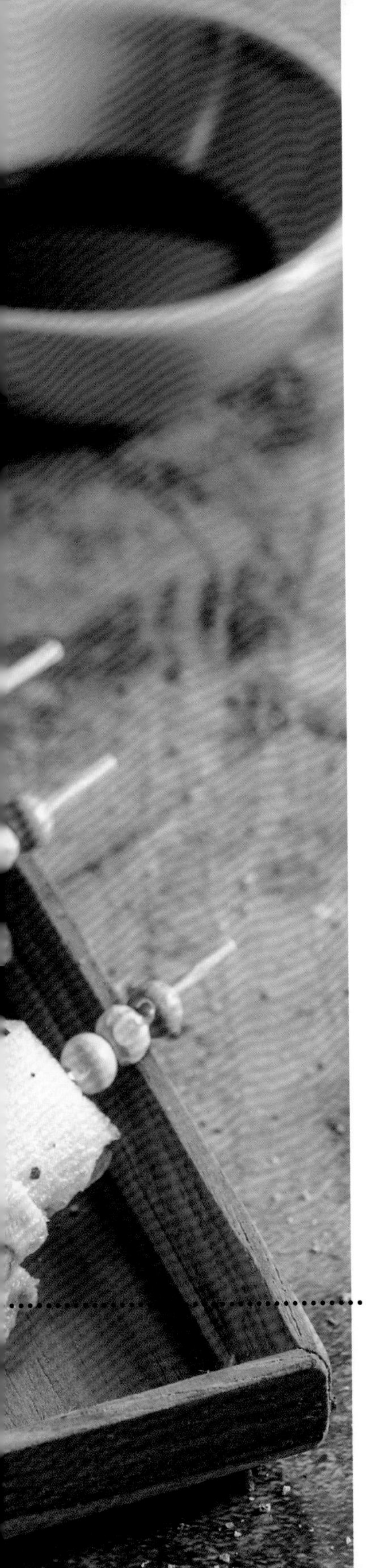

食材

鸡腿排	1块	柠檬（取汁）	半个
苹果	1个	蜂蜜	5克
小黄瓜	1根	盐	适量
红酒醋	1小匙	黑胡椒碎	适量
橄榄油	2小匙		

准备

红酒醋中加入蜂蜜、柠檬汁，拌匀后即为酱汁。

做法

① 将苹果、小黄瓜切成小块。

② 锅烧热后，倒入橄榄油，将鸡腿排带皮面朝下煎出油脂，煎熟后撒上盐、黑胡椒碎调味后，切小块。

③ 将苹果、小黄瓜块、鸡腿块以牙签穿起来，蘸酱汁食用。

◆ 鸡腿肉肉质紧实好吃，若想要减少热量摄入，吃的时候去皮，或替换成鸡胸肉。

· 蘸着酱汁品尝，别有风味喔！

· 健康秘诀在于将蔬果和肉类的摄入量调整为 2 ：1。

牛油果番茄莎莎

218.6 千卡 / 人

· 牛油果属于可摄入油脂类食物。
· 沙沙酱常常拿来当蘸酱，番茄切大块一点就是配菜了。

食材

牛油果	半个	黑胡椒碎	适量
番茄	3 个	柠檬汁	2 大匙
洋葱	1/8 个	原味辣椒	
橄榄油	2 小匙	调味汁	3 滴
糖	1 小匙	香菜	适量
盐	1 小匙	起司片	2 片

番茄洗净，去子后切块。洋葱切末。起司片切小片。

① 牛油果洗净后去子切小块，与番茄子打成泥备用。
② 将番茄、牛油果泥、洋葱、橄榄油、盐、糖、黑胡椒碎、柠檬汁、原味辣椒调味汁、香菜拌匀。
③ 均匀撒上起司片即可。

◆ 表皮呈深褐色、略软的牛油果完全熟透，适合用来烹饪。

红薯坚果酸奶

122.5 千卡 / 人

· 红薯膳食纤维很足，但不要吃太多。

食材

烤红薯	1 个（约 110 克）
原味无糖酸奶	1 杯
坚果	8 粒
蜂蜜	适量

准备

将红薯肉舀成小块。

做法

原味酸奶中加入红薯块、坚果，淋上适量蜂蜜即完成。

◆ 直接买市售红薯即可，制作特别方便。

15

主餐 / **鸡肉臊子饭**
配菜 / **豆苗欧姆蛋**
饮品 / **水果风气泡水**

鸡肉臊子饭

246.2 千卡 / 人

鸡胸肉馅热量低，使用方便。
加入韭菜可增加每日蔬菜的食用量。

食材

鸡胸肉馅	100 克	料酒	1 大匙
杏鲍菇	1 个	水	100 毫升
韭菜	50 克	盐	适量
酱油	1 大匙	黑胡椒碎	适量
糖	1 小匙	米饭	220 克

准备

杏鲍菇切小丁。韭菜切成末。

做法

① 鸡胸肉馅中加入适量盐、黑胡椒碎腌 15 分钟。

② 锅烧热后倒入适量油，翻炒鸡胸肉馅与杏鲍菇，倒入米饭。

③ 加入水、糖、料酒、酱油、韭菜末煮至酱汁收干。

◆ 鸡胸肉馅可以多做一点放入冰箱冷冻，两周内吃光即可。

豆苗欧姆蛋

107.5 千卡 / 人

食材

豆苗	200 克	盐	适量
蛋	2 个	黑胡椒碎	适量
橄榄油	1 小匙	意大利香料	适量

做法

① 蛋液打散，加入适量的盐、黑胡椒碎、意大利香料。

② 锅烧热后倒入橄榄油，打入蛋液，底层蛋液凝固后煎熟。

③ 趁表面蛋液仍半熟时，放入豆苗，撒上少许盐、黑胡椒碎。

④ 蛋饼对折，将豆苗包起，放入锅中蒸一下即可。

◆ 尽量使用小一点的锅，让蛋液厚一点口感更好。

水果风气泡水

39 千卡 / 人

· 自制的水果气泡饮，和添加剂说“拜拜”。

食材

猕猴桃　　1 个
苹果　　　半个
蓝莓　　　10 个
气泡水　　1 瓶
薄荷叶　　适量

做法

① 将猕猴桃、苹果、蓝莓放入果汁机中打成果汁，放入制冰盒里做成冰块。

② 将水果冰块放入气泡水中，放薄荷叶装饰即完成。

◆ 一次做较多水果冰块后放入冰箱冷冻保存，想喝的时候直接冲泡即可。

图书在版编目（CIP）数据

营养师的运动饮食笔记 / 高敏敏著 . — 北京：中国轻工业出版社，2022.8

ISBN 978-7-5184-3844-0

Ⅰ . ①营… Ⅱ . ①高… Ⅲ . ①健身运动—食谱 Ⅳ . ① TS972.161

中国版本图书馆 CIP 数据核字（2022）第 002929 号

责任编辑：卢　晶　　　责任终审：李建华

整体设计：锋尚设计　　责任校对：宋绿叶　　责任监印：张京华

出版发行：中国轻工业出版社（北京东长安街6号，邮编：100740）

印　　刷：北京博海升彩色印刷有限公司

经　　销：各地新华书店

版　　次：2022年8月第1版第1次印刷

开　　本：720 × 1000　1/16　印张：11

字　　数：250千字

书　　号：ISBN 978-7-5184-3844-0　定价：68.00元

邮购电话：010-65241695

发行电话：010-85119835　传真：85113293

网　　址：http://www.chlip.com.cn

Email：club@chlip.com.cn

如发现图书残缺请与我社邮购联系调换

200712S1X101ZYW